RS-BASED QUANTITATIVE ANALYSIS OF URBAN ENVIRONMENT

Application of Remote Sensing in Xiamen City

基于RS的城市环境量化分析

遥感技术厦门应用

李渊　耿旭朴 / 著

北京大学出版社

PEKING UNIVERSITY PRESS

内 容 简 介

本书使用多种不同的遥感数据源，开展城市环境的量化分析与典型应用，涉及的数据源主要包括欧空局 Sentinel-1A/B SAR（Synthetic Aperture Radar，合成孔径雷达）卫星影像、日本 Himawari-8 气象卫星影像、美国 Landsat 系列陆地卫星遥感影像、美国 DMSP 系列卫星夜光遥感影像，以及瑞士 senseFly eBee 无人机可见光遥感影像等；涉及的城市环境领域包括近岸风场、海面温度、陆地温度、植被覆盖、土地利用、地形形变、环境承载力和城市活力。

本书分为四篇，共 10 章，分析和讨论的内容主要包括自然资源保护、海洋与海岸带生态环境、国土空间规划、自然灾害评估、人文社会影响等领域，可作为城乡规划、国土资源、海洋科学与技术、园林景观、自然与人文地理、环境生态、旅游管理等专业人员的重要参考用书。

图书在版编目 (CIP) 数据

基于 RS 的城市环境量化分析: 遥感技术厦门应用 / 李渊, 耿旭朴著. —北京: 北京大学出版社, 2019.10

ISBN 978-7-301-30760-1

Ⅰ.①基⋯　Ⅱ.①李⋯②耿⋯　Ⅲ.①城市环境—环境遥感—研究　Ⅳ.① X87

中国版本图书馆 CIP 数据核字 (2019) 第 194770 号

书　　　名	基于 RS 的城市环境量化分析——遥感技术厦门应用
	JIYU RS DE CHENGSHI HUANJING LIANGHUA FENXI
	——YAOGAN JISHU XIAMEN YINGYONG
著作责任者	李　渊　耿旭朴　著
策 划 编 辑	吴　迪
责 任 编 辑	李瑞芳
标 准 书 号	ISBN 978-7-301-30760-1
出 版 发 行	北京大学出版社
地　　　址	北京市海淀区成府路 205 号　100871
网　　　址	http://www.pup.cn　　　新浪微博：@ 北京大学出版社
电 子 信 箱	pup_6@163.com
电　　　话	邮购部 010-62752015　　发行部 010-62750672　　编辑部 010-62750667
印 刷 者	北京宏伟双华印刷有限公司
经 销 者	新华书店
	720 毫米 ×1020 毫米　16 开本　12.75 印张　206 千字
	2019 年 10 月第 1 版　2019 年 10 月第 1 次印刷
定　　　价	89.00 元

国家自然科学基金资助（41671141）

厦门市科技局基金资助（3502Z20183005）

中央高校基本科研业务费资助（20720170046、20720160116）

武汉大学测绘遥感信息工程国家重点实验室开放基金资助（18T08）

党安荣

清华大学建筑学院教授

清华大学人居环境信息实验室主任

空间信息技术在文化遗产保护中的应用研究
国家文物局重点科研基地主任

中国城市规划学会城市规划新技术应用学术委
员会副主任委员

序言 1

　　遥感（Remote Sensing，RS），即遥远的感知，是指不直接接触目标对象而感知其信息的技术，涉及地面遥感、航空遥感、航天遥感、航宇遥感等不同遥感平台技术。大数据时代的到来，遥感技术也作出了巨大贡献，正如李德仁院士所言，传感器成像方式的多样化及遥感数据获取能力的增强，导致遥感数据的多元化和海量化，这意味着遥感大数据时代已经来临。

　　对于遥感行业应用而言，2018 年 3 月推出的国务院机构改革方案中，新组建的自然资源部提出要创立陆海空一体、山水林田湖草整体保护、系统修复、综合治理等要求，要全面提升自然资源遥感应用的综合能力和水平，为"生态保护""自然资源双评价""国土空间规划"等提供决策支撑。新组建的生态环境部，明确提出要加快构建生态环境遥感调查、监测与评估体系，对水环境遥感监测、大气环境遥感监测、生态状况环境监测与评估、土壤环境遥感监测、核安全环评遥感监测、生态环境应急监测等进行试点性建设。可见，遥感应用，将在新的行业部门中产生新的活力和巨大的应用前景。

　　事实上，智慧城市建设是我国城镇化发展的重要内容，是包括遥感与地理信息系统（Geographic Information System，GIS）在内的多种信息技术集成应用于促进人类社会发展的最新成果，是实现城市经济转型、精细化管理、

精准化服务的重要途径。遥感正是具有客观性、多源性、现势性、高分性、动态性等特点，使得遥感大数据逐渐成为研究自然生态环境、城市建成环境与人文社会环境的重要技术途径，也必将成为智慧城市发展的重要支撑。

清华大学在国内率先开展了遥感技术在人居环境和智慧城市中的应用研究，并结合时代特点和新的行业发展趋势，设立了空间信息技术在文化遗产保护中的应用研究国家文物局重点科研基地，而遥感是其中一个重要的支撑技术，在大遗址保护、长城遗产监测、皇家园林保护等案例中发挥了积极作用。国家重点研发计划中，也明确了"重大自然灾害监测预警与防范重点专项（文化遗产保护利用专题任务）"，在文化遗产价值认知、病害评估、风险监测和文化传承等方面做了需求说明，其中遥感也将继续扮演重要的技术支撑角色。

李渊教授和耿旭朴博士撰写的《基于 RS 的城市环境量化分析——遥感技术厦门应用》，正是在当前遥感大数据、新机构调整、智慧城市建设、提倡跨学科交叉、综合人文与新技术发展新工科的背景下完成的一部专著。美丽的海滨城市厦门，既具有内陆城市的山地、丘陵特征，又具有海洋、海岸带和海岛特征，在城市环境方面具有代表性。书中对多种遥感数据进行了技术分析和应用解读，对海岸带的风场、海面温度、陆地温度、植被覆盖、土地利用变化、海岛地形形变、资源环境承载力和夜光灯活力等内容进行了实证研究，得到的分析成果可以进一步与厦门的国土空间规划、生态环境规划、全域旅游规划、遗产地保护规划等进行交叉运用，具有一定的价值。

本专著也是空间信息技术在文化遗产保护中的应用研究国家文物局重点科研基地厦门站的一个标志性成果。作为科研基地的负责人，同时也作为中国城市规划学会城市规划新技术应用学术委员会副主任委员，我欣然写序，鼓励他们继续开展遥感应用的广度和深度探索，并期待这项成果对解决实际问题发挥指导性作用。

2019 年 4 月 4 日于清华园

严晓海

美国特拉华大学冠名讲席教授

厦门大学－美国特拉华大学联合遥感中心主任

厦门大学特聘教授

教育部"长江学者"讲座教授

美国总统奖学者

序言 2

　　近年来，大数据和人工智能技术取得了突破性的进展，并以"大数据＋"和"AI＋"的方式重构甚至颠覆着很多领域和行业。计算机图灵奖得主、关系型数据库先驱 James Gray 提出了科学研究的四类范式，其中"数据密集型科学"是继早期的"实验科学"、几百年前的"理论科学"和数十年来的"计算科学"之后出现的新的科学研究范式。2016 年 3 月，基于人工智能技术的围棋机器人 AlphaGo 以 4：1 的战绩力挫韩国顶级棋手李世石后举世瞩目。

　　2014 年我在厦门大学启动了联合遥感接收站项目的建设，至 2016 年年底建成了东南沿海地区最先进的遥感卫星地面接收系统。这里的"联合遥感"主要有两层含义：一是与国内外相关单位的合作，二是光学遥感传感器和微波遥感传感器的结合。厦门大学联合遥感接收站的系统设计和软硬件配置都非常超前，具备接收国内外多种高分辨率星载合成孔径雷达（Synthetic Aperture Radar，SAR）和光学卫星数据的能力，联合遥感所带来的正是大数据的 5V 特征，即 Volume（大体量）、Variety（多样性）、Velocity（时效性）、Veracity（准确性）、Value（大价值）。以该接收站为基础，面向国家海洋战略、海洋管理和沿海经济与社会发展对海洋大数据的迫切需求，瞄准卫星遥感技术、大数据技术和人工智能技术的国际发展前沿，我们于 2019 年 1 月成功获批"海洋遥感大数据福建省高校工程研究中心"，旨在整合福建省海洋遥感技术和海洋数据资源，建设高水平的海洋遥感大数据平台，打造一流的海洋遥感工程应用人才、技术和产业基地。此外，我们依托厦门大学联合遥感接收站，正积极推动小卫星地面测控系统和厦门大学特色小卫星的建设，增强对国家战略和地方经济社会发展的服务能力。

厦门是改革开放的四大经济特区之一，先后获批国家综合配套改革试验区（"新特区"）、自由贸易试验区、国家海洋经济发展示范区等。同时，厦门还是一个典型的海滨城市，"城在海中，海在城中"，独特的地理位置决定了厦门市的海洋属性。李渊教授和耿旭朴博士合作的《基于 RS 的城市环境量化分析——遥感技术厦门应用》把陆地遥感与海洋遥感相结合，从自然生态环境、城市建成环境和人文社会环境 3 个方面分析遥感技术的厦门应用，展示了遥感技术的应用潜力。未来还可以在全球变化的背景下，结合大数据和人工智能技术，进一步拓展遥感应用的深度和广度。

本书也是厦门大学联合遥感接收站的一个标志性成果。作为厦门大学联合遥感接收站的负责人和厦门大学海洋遥感学科的学术带头人，我欣然写序，希望他们进一步深入开展卫星遥感应用研究，积极服务于"数字福建""数字中国"和"智慧海洋"建设。

王晓池

2019 年 4 月

前 言

遥感作为一种重要的对地观测手段，在获取数据资料时，具有范围广、速度快、周期短、限制少、手段多、信息量大、经济性好等诸多特点，具有其他常规技术不可比拟的优势，与地理信息系统和全球卫星导航定位系统（Global Navigation Satellite System，GNSS）构成了地理信息技术核心的"3S"技术。

进入新时代，特别是在数字中国、智慧城市、交叉融合、生态文明、绿色发展等国家战略背景下，遥感技术得到了突飞猛进的发展。从定性遥感到定量遥感，数据精度不断提高，遥感产品更加丰富。从单个波段到多波段、多极化、多角度、多时相、多模式，甚至多种遥感传感器的结合，遥感数据获取能力显著增强。从传统目视解译过渡为结合计算机的智能算法自动化信息提取，人工智能等技术将会进一步推动遥感技术的深入发展。

本书以厦门作为实证案例，应用了多源遥感影像，包括 Landsat、Hiwamari-8、Sentinel-1 SAR、无人机等，从自然生态环境、城市建成环境、人文社会环境多角度展示了遥感技术在城市环境中的应用。全书共分为四篇：第一篇介绍了遥感的基本概念、遥感技术的发展和厦门城市环境的基本情况；第二篇从近岸风场、海面温度、陆地温度和植被覆盖 4 个方面介绍了自然生态环境分析；第三篇从土地利用与地表形变两个方面介绍了城市建成环境分析；第四篇从资源环境承载力和城市活力两个方面介绍了人文社会环境分析。本书可作为全国高等院校城乡规划、国土资源、海洋科学与技术、园林景观、自然与人文地理、环境生态、旅游管理等专业师生的教材和参考资料。

本书由李渊、耿旭朴执笔，写作中提供帮助的人员有严泽幸、薛思涵、张昆、朱琳、高小涵、刘嘉伟、张宇、杨骏、林锋、谢婷、毕上上、李诗卉、林琪凡、郭晶等，提供帮助的机构有厦门市城市规划设计研究院，在此表示感谢，是他们的默默支持才有了本书的顺利出版。

本书实际上是笔者在 2016 年完成的《基于 GPS 的景区旅游者空间行为分析——以鼓浪屿为例》和 2017 年完成的《基于 GIS 的景区环境量化分析——以鼓浪屿为例》的后续之作。若在本书的使用过程中发现疏漏或不当之处，恳请读者批评指正，以便今后修改完善。

作 者

2019 年 4 月

目　录

PART **2**
自然生态环境分析

PART 3
城市建成环境分析

PART **4**

人文社会环境分析

本书内容框架

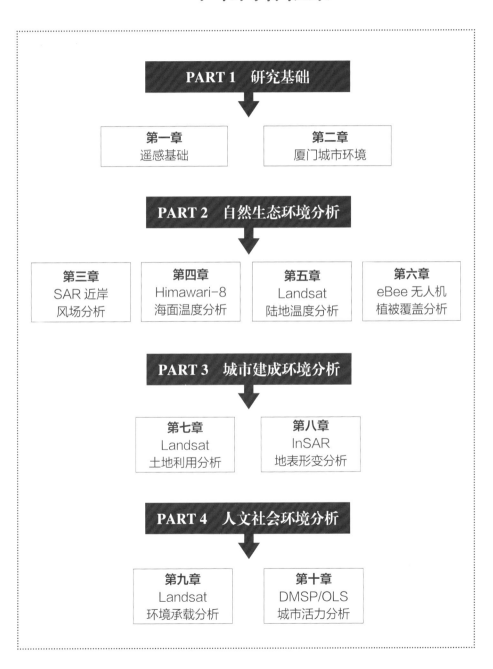

PART 1　研究基础

第一章	第二章
遥感基础	厦门城市环境

PART 2　自然生态环境分析

第三章	第四章	第五章	第六章
SAR 近岸风场分析	Himawari-8 海面温度分析	Landsat 陆地温度分析	eBee 无人机植被覆盖分析

PART 3　城市建成环境分析

第七章	第八章
Landsat 土地利用分析	InSAR 地表形变分析

PART 4　人文社会环境分析

第九章	第十章
Landsat 环境承载分析	DMSP/OLS 城市活力分析

Part 1 研究基础

本篇主要介绍遥感基础和厦门城市环境，从技术概述和案例介绍两方面为本书提供研究基础。

第一章

遥感基础

本章主要介绍遥感的基本概念、相关理论和遥感平台。

1.1 遥感的基本概念

遥感是指通过非直接接触方式，对物体或事件的活动进行记录、观测和感知的一种探测技术。广义的遥感包括一切非接触式的远距离探测技术，如电磁场、力场、机械波（声波和地震波）等[1]；狭义的遥感主要指通过机载（飞机、无人机）或星载（卫星、空间站、航天飞机）平台搭载遥感传感器，以电磁波为媒介获取关于地球表面信息（如陆地和海洋）和大气信息的科学与技术[2]。

相较于传统的现场测量和摄影测量方式，遥感具有如下优势。

（1）宏观性。遥感探测方式具有较为广阔的观测视野，尤其是卫星遥感，以 Landsat TM 影像为例，一景标准影像覆盖区域面积可以达到 3 万多平方千米。另外，卫星遥感的探测范围还不会受到政治区域和地理条件的限制。

（2）周期性。卫星遥感具有周期性、重复获取影像的特点，可以间隔一定天数对同一地区进行重复观测，有助于进行变化检测和动态分析。相对而言，传统测量方式从方案设计到完成数据采集所需的时间周期较长，信息相对滞后。

（3）经济性。与野外现场测量相比较，遥感技术可以节省大量的人力、物力、财力投入，而且受自然条件影响较小，工作效率能够得到大幅提高。此外，遥感数据往往具有多波段或多极化（偏振）特征，可以在可见光、近红外、中波红外、热红外到微波等多个不同的频段上探测和记录信息，其信息获取能力超过一般摄影测量所用的可见光范围。

1.2　主动式与被动式遥感

按照传感器工作方式的不同，遥感分为主动式遥感和被动式遥感。

（1）主动式遥感（Active Remote Sensing）又称"有源遥感"，是指由遥感器向目标物发射一定频率的电磁波，然后接收从目标物返回的电磁波进行遥感探测的技术。主动遥感主要通过分析回波的性质、特征及其变化来达到识别物体的目的。主动遥感传感器主要有微波散射计、高度计、激光雷达、侧视雷达、合成孔径雷达等。

（2）被动式遥感（Passive Remote Sensing）又称"无源遥感"，是指遥感系统本身不发射电磁波，但获取和记录目标物自身发射或反射的、来自自然辐射源（如太阳）的电磁波信息。各种航空航天摄影系统、红外成像系统等，一般都属于被动式遥感。

1.3 遥感的电磁波图

由于遥感是建立在电磁波散射与辐射理论基础之上的，因此地物对电磁波的散射与辐射特性，以及电磁波的传输特性、大气对电磁波的影响等是遥感影像解译的基础。

电磁波是由同向且相互垂直的电场和磁场交互变化产生出来的一种特殊的振荡粒子波，是电磁场在空间中的传播，既具有波的特征，也具有粒子的性质，即具有波粒二象性。电磁波通过电场和磁场之间的相互转化，在真空或介质中传播电磁能量，其基本特征主要包括以下几点。

（1）电磁波是一种横波，其传播方向垂直于由电场和磁场构成的平面。

（2）波粒二象性，既有波动性又有粒子性。

（3）叠加性，遥感记录了物体的电磁波特性，可以根据叠加原理把不同物体的波谱信息从遥感数据中分离出来。

（4）相干性和非相干性，遥感图像可以由非相干性波或相干波形成。

（5）衍射性，波长越长的电磁波越容易绕过障碍物继续传播。

（6）偏振性，在遥感中可用于鉴别地物类型。

（7）多普勒效应，电磁波与运动的物体相作用会产生多普勒效应，使接收回波的中心频率发生改变。

电磁波可以通过两个主要指标来表征：波长 λ 和频率 f。波长表示电磁波的两个连续波峰之间的距离，频率表示电磁波在每秒内的振荡次数，两者之间的关系可以通过公式 $c=\lambda f$ 来表达，其中 c 表示电磁波的传播速度。按照频率的高低，可以把电磁波分为无线电波、微波、红外线、可见光、紫外线、X 射线和 γ 射线等，如图 1-1 所示。

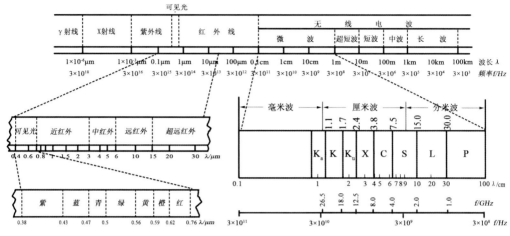

图 1-1　电磁波谱图

1.4　地物的光谱特性

　　自然界中任何地物都具有其自身的电磁辐射规律，在反射、吸收、透射电磁波时呈现出不同特征，这些特征就是地物的光谱特性。在反射、吸收、透射等物理性质中，使用最多的是反射这一性质。不仅不同地物的反射光谱曲线不同，同种地物在不同内部结构和外部条件下所表现的反射率也不尽相同，从而可以进行更为准确的地物识别。为了使多维空间信息更加显著地呈现出物质之间的差异，可以使用两个以上波段进行地物识别，利用多种波段信息区分不同物体。图 1-2 给出了植被、水和土壤 3 个主要陆地特征的典型光谱曲线。

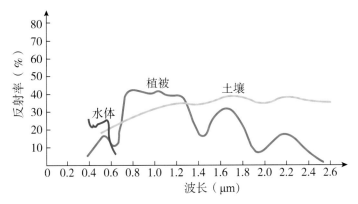

图1-2　植被、水和土壤的典型光谱曲线
（图片来源：百度学术）

健康植被的光谱在可见光、近红外、中红外波段具有以下明显特征。

（1）可见光波段（0.4～0.76 μm）在0.55 μm（绿色波段）处存在一个小的反射峰，两侧0.45 μm（蓝色波段）与0.67 μm（红色波段）处有两个吸收带，这是由于叶绿素对绿光反射作用强，对蓝光和红光的吸收作用较强造成的。

（2）受植被细胞结构高反射率的影响，近红外波段（0.7～0.8 μm）有一反射率急剧上升的"陡坡"，形成"红边现象"，至1.1μm附近达到峰值，这是植被最为显著的波谱特征。

（3）中红外波段（1.3～2.5 μm）受绿色植物含水量的影响，吸收率大增，反射率大大下降，尤其1.45 μm、1.95 μm和2.7 μm处是水的吸收带，形成低谷。此外，由于植物种类、季节、病虫害、含水量等因素不同，植被光谱曲线会在上述基本特征的基础上存在细微差别。

土壤反射率在自然状态下没有明显的峰值和谷值，光谱曲线比较平滑，在不同光谱段的遥感影像上，土壤的亮度区别不明显。一般认为土质越细反射率越高，有机质含量、含水量越高反射率越低；此外，土壤种类、肥力也会对反射率产生影响。

水体主要在蓝绿光波段存在反射，对其他波段吸收能力很强，特别在近红外波段吸收能力更强，因此近红外影像中水体呈现黑色。当水中含有其他物质时，反射光谱曲线会发生变化。水中含泥沙时，由于泥沙的散射，可见光波段反射率会增加，峰值出现在黄红区；水中含叶绿素时，近红外波段反射明显增强。

1.5　多波段遥感特征

遥感信息的多波段特征通常用光谱分辨率（Spectral Resolution）来描述。光谱分辨率是指遥感传感器能够分辨的最小波长间隔，是传感器的性能指标。选择的通道数目、每个通道的中心波长和带宽共同决定了光谱分辨率的高低。多光谱传感器的波段划分越细，光谱分辨率越高，遥感影像区分不同地物的能力就越强，对物体及其性状的识别精度就越高，继而在专题研究中更具有针对性，遥感应用分析的效果也越好。

光学遥感可分为 5 种类型：全色波段（Panchromatic）、彩色波段（Color Photography）、多光谱（Multispectral）、高光谱（Hyperspectral）、超光谱（Ultraspectral）。

1. 全色波段

全色波段一般指波长为 0.5～0.75 μm 的单波段，在图上显示为灰度图片，一般空间分辨率较高，但无法显示地物色彩。在实际应用中，为了得到既有高分辨率又有彩色信息的影像，经常与其他波段影像融合处理。

2. 彩色波段

彩色波段一般由可见光波段组合而成，其波长范围为 0.38～0.76 μm，是传统航空摄影侦察与测绘最常用的工作波段，因感光胶片的感色范围正好在该波长范围内，故可得到具有较高地面分辨率的影像。

3. 多光谱

多光谱即多波段。为扩大遥感信息量，可以将地物辐射电磁波分割成若干个较窄的光谱段，以摄影或扫描的方式摄取同一时间、同一地物目标的不同波段信息，得到包含多个波段的影像数据。这样不仅可以根据影像的形态和结构的差异判别地物，还可以根据地物在不同波段下的特征差异更加准确地进行解译。多波段影像合成方案的选择，决定了彩色影像能否显示较为丰富的地物信息或突出某一方面的信息。例如，影像中的红色、绿色、蓝色波段分别被赋予红色、绿色、蓝色，形成了自然彩色合成图像，图像色彩和地物实际色彩一致，称之为真彩色合成，也适合于非遥感专业人员使用；将近红外波段、红色波段、绿色波段分别赋予红色、绿色、蓝色，进行标准假彩色合成，获得的图像中植被呈现红色，能突出表现植被的特征，对专门针对植被的分析意义较大。

4. 高光谱

高光谱遥感将成像技术与光谱技术结合运用，在地物空间特征成像的基础上，能够对每个空间像元经过色散形成几十乃至几百个窄波段以进行连续的光谱覆盖，所获取的图像包含了丰富的空间、辐射和光谱三重信息，更有利于利用光谱特征分析来研究地物。高光谱遥感不同于传统遥感，它能够为每个像元提供十几、数百甚至上千个波段，且波段范围一般小于 10 nm。但高光谱遥感同样存在不足，即随着波段数的增加，数据量也呈指数级增加，造成一定的信息冗余。另外，高光谱遥感虽然比多光谱遥感的光谱分辨率高，但空间分辨率相对较低。

5. 超光谱

根据美国国家航空航天局（National Aeronautics and Space Administration，NASA）喷气推进实验室 Breckinridge[4] 的划分，多光谱成像技术具有 10～20 个光谱通道，光谱分辨率为 $\Delta\lambda/\lambda \approx 0.1$；高光谱成像技术具有

$100 \sim 400$ 个光谱通道，光谱分辨率为 $\Delta\lambda/\lambda \approx 0.01$；超光谱成像技术的光谱通道数在 1000 个左右，具备 $\Delta\lambda/\lambda \leqslant 0.001$ 的光谱分辨率。其中 λ 代表波段范围，$\Delta\lambda$ 代表波段最小间隔。在超光谱的超高分辨率下，气体的组成可以完全显现出来，但其中还存在一些理论和技术难题有待解决。

1.6 遥感平台

遥感探测器需要搭载一定的航空或航天平台，从空中对地面进行探测成像。目前常用的遥感平台主要有星载、机载、无人机载遥感平台等。

1.6.1 星载遥感

由卫星搭载的遥感系统即星载遥感，也称航天遥感。星载遥感以人造地球卫星为主体，也包括载人飞船、航天飞机和空间站，有时也把各种行星探测器包括在内。国外主要遥感卫星信息见表 1-1。鉴于遥感的重要性，世界主要航天大国在遥感卫星上投入巨大，积极推动了卫星遥感技术的发展。我国幅员辽阔，资源丰富，灾害频繁，国外卫星遥感数据在时效性、主动性、灵活性、连续性、政治性及性价比等方面难以满足国内用户的需求，因此发展卫星遥感对于维护国家安全、满足人民日常生活需要具有特殊的战略意义。2015 年，多部委联合编制的《国家民用空间基础设施中长期发展规划（2015—2025 年）》中指出：我国将在未来的一段时期内，构建形成卫星遥感、卫星通信、卫星导航定位三大系统；同时，国家将支持民间资本投资卫星研制和系统建设。目前，我国国家层面在轨遥感卫星主要有环境一号 A 星、环境一号 B 星、环境一号 C 星、资源一号（中巴地球资源卫星）02C 星、资源一号 04 星、资源三号 01 星、资源三号 02 星，实践九号 A 星、实践九号 B 星，高分一号、高分二号、高分三号和高分四号，海洋 1 号 C 星、海洋 2 号 A 星和 B 星，以及多颗风云系列气象卫星等。

表1-1　国外主要卫星（系列）

权属	卫星名称	权属	卫星名称
美国	地球观测系统（EOS）	德国 & 加拿大	快眼卫星（RapidEye）
	陆地卫星系统（Landsat）	加拿大	雷达卫星（Radarsat）
	轨道观测卫星（OrbView）	英国	紧急情况监视卫星（UK-DMC）
	伊克诺斯卫星（IKONOS）	英国 & 西班牙	高分辨率成像卫星（Deimos-1）
	快鸟卫星（QuickBird）	以色列	地平线系列卫星（Ofeq）
	世界观测卫星（WorldView）		爱神系列小卫星（EROS）
	地球眼（GeoEye）	日本	海洋观测卫星（MOS）
法国	斯波特卫星系统（SPOT）		日本地球资源卫星（JERS）
	昂宿星卫星（Pleiades）		先进地球观测卫星（ADEOS）
意大利	地中海周边观测小卫星星座系统（Cosmo-Skymed）		先进陆地观测卫星（ALOS）
德国	X 频段陆地雷达卫星（TerraSAR-X）	韩国	阿里郎卫星（KOMPSAT）
	X 频段串联卫星（TanDEM-X）	印度	资源卫星系列（Resourcesat）
	环境测绘与分析计划高光谱卫星（EnMAP）		绘图卫星系列（Cartosat）
欧空局	遥感卫星（ERS）		
	环境卫星（ENVISAT）		
	哨兵卫星（Sentinel）		

1.6.2　机载遥感

机载即航空遥感，顾名思义，就是将传感器置于飞机、飞行器、飞艇、气球等航空平台上实现对地观测的遥感方式，其中以飞机为主。航空平台飞行高度在数百米到数万米不等，应具备航速均匀、航高不变、航行平稳、耗油量少、续航时间长（不得少于 5 小时）等特性。航空遥感按照飞行器的工作高度和应用目的，可以划分为：高空（10001～20000 m）、中空（5000～100000 m）和低空（<5000 m）这三种类型的遥感作业。

根据航摄倾角的不同，航空摄影分为垂直航空摄影和倾斜航空摄影。

（1）垂直航空摄影即航摄倾角 α≤3°的航空摄影，可得到近似水平的航空相片，是航空遥感图像的主要获取方法，所得影像是编制及制作地形图、地质图和其他专题图的主要资料。对于平坦地面，垂直摄影影像与地物顶部形状基本相似，各部分的比例尺大体相同，可以较准确地判断各目标之间的相互关系、位置和量测距离。

（2）倾斜航空摄影即航摄倾角 α>3°的航空摄影，得到的是倾斜航空相片，又可以进一步分为浅倾航空摄影（在相片上没有地平线构像）和深倾航空摄影（在相片上存在地平线构像），可以反映地物周边的真实情况。

航空遥感具有成像比例尺大、空间分辨率高、几何纠正准确、适于大面积地形测绘和小面积详查，以及不需要复杂地面处理设备等优点，被广泛应用于地图测绘、资源勘查、环境监测、城市规划等方面。其具体应用包括以下几方面。

（1）基础地理数据采集，航空遥感能够较好地满足大比例尺基础地理数据的采集，包括 1∶5000～1∶500 的数字线划图、数字高程模型图、数字正射影像图和数字栅格图的 4D 产品等基本空间数据。

（2）土地资源和矿产资源探测，应用航空遥感进行大比例尺土地详查，编制土地利用现状图、土地利用变更图，及时更新地籍资料，提供违法用地的发生时间和土地类型，鉴定和辨别相关证据，辅助土地执法监查。

（3）环境监测，主要包括对区域生态环境、水环境、大气环境、城市环境等方面的遥感调查与评价，能够对土地利用，污染情况（包括污染源类型、分布、范围等），城市热岛效应等难以整体把握的现象进行准确而有效的分析。航空遥感的不足之处在于航空平台的飞行高度和续航时间有限，受天气和飞行姿态影响较大，因此全天候作业能力及大范围的动态监测能力较差。

1.6.3　无人机遥感

卫星遥感受重访周期限制和云层等影响，无法实现实时获取全部地区的高分辨率影像；而航空遥感对起降条件要求高。相比较而言，无人机技术与全球定位系统技术、遥感技术的结合，具备起落方便、快速反应和云下高分辨率的特点，使无人机遥感应用范围越来越广，渗透至国民经济建设的各个领域。当前，各类无人机遥感产品层出不穷，未来无人机平台将更加小型化、智能化和实用化，在操控性上将更加方便易学，在安全性上将更具有可预测性和低风险性。

按气动布局，轻小型无人机可分为固定翼（图1-3）、旋翼（图1-4）、扑翼和复合式布局等类型。动力装置以小型活塞发动机和电动动力为主。导航方式主要采用卫星、惯性、地磁或组合导航。无人机的操控方式分为自主控制、指令控制（人机混控）和人工控制3种方式。

（a）Sensefly eBee　　　　　　（b）中遥Z10

图1-3　固定翼无人机

(a) 大疆精灵PHANTOM4 PRO　　　　　(b) 大疆 "御" Mavic 2　　　　　(c) 大疆 "悟" INSPIRE 2

图1-4　旋翼无人机

1.7　遥感应用文献分析

1.7.1　文献期刊分析

通过中国期刊网，利用关键词检索了 "遥感" 在相关领域 2010 年 1 月—2019 年 3 月的中文文献，经过初步筛选，做了文献期刊分析（图1-5），主要涉及领域包括测绘科学、城乡规划、地理科学、国土资源、海洋科学、生态环境、能源气候、农业林业和水利科学，总体来看，在国土资源和生态环境两个领域涉及的期刊种类较多。从期刊上发表的相关论文数量来看，代表性的期刊包括：《测绘与空间地理信息》《遥感技术与应用》《山西建筑》《中国园林》《地理空间信息》《地理信息科学学报》《国土资源遥感》《长江流域资源与环境》《海洋开发与管理》《海洋环境科学》《环境科学与管理》《生态学报》《能源与环境》《气息水文海洋仪器》《农业工程学报》《农业机械学报》《水土保持研究》和《水土保持通报》等。

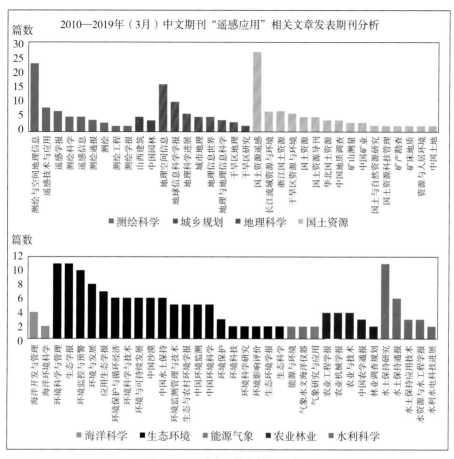

图 1-5　遥感应用的文献期刊分析

1.7.2　文献关键词分析

重点分析了其中 413 篇期刊论文的关键词，利用云图的方式展示了遥感应用相关文献关注的具体应用方向，如图 1-6 所示。除了"遥感"作为最主要的关键词外，"遥感监测""生态环境""NDVI""植被覆盖""土地利用""国土资源""地理信息系统 GIS""景观格局""土地变更调查""动态变化""TM 影像""城乡规划""生态指数""植被指数""主成分分析""Landsat""无人机""MODIS"等都被高频率使用，体现出应用的具体方向和关注热点。

图 1-6　遥感应用的文献关键词分析

第二章

厦门城市环境

本章主要介绍厦门的基本情况和厦门城市环境专题图，内容包括厦门区位、历史、经济、气候、海域、海岸、地形、灾害，以及交通线网、服务设施、用地现状、人口分布和旅游资源。

2.1 厦门的基本情况

2.1.1 厦门的区位

厦门市位于北纬 24° 23′ 12.7″～24° 54′ 29.3″，东经 117° 52′ 53.8″～118° 26′ 1.2″，地处福建省东南沿海，台湾海峡西岸中部，是我国改革开放初期设立的 4 个经济特区之一，是我国 15 个副省级城市之一，也是 5 个计划单列市之一。全市陆地总面积 1699.39 km²，海域面积约 390 km²，下辖思明、湖里、集美、海沧、同安、翔安 6 个区（图 2-1）。

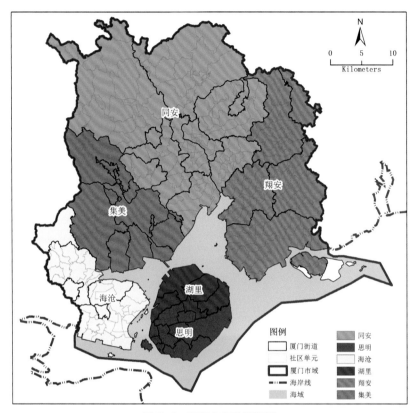

图 2-1　厦门市行政区划图

2.1.2　厦门的历史

明洪武年间（1368—1398 年），厦门岛上设卫所并建城"厦门"。明末清初，航运业的发展加速了厦门的城市化进程，墟市、商铺、牙行、商行相继出现。鸦片战争后，厦门被辟为"五口通商口岸"之一，西方列强纷纷在厦门建教堂、开工厂、设洋行。与此同时，国内民族资本也相应地发展，一些新的商业区和居民点陆续形成，出现"商贾云集""市井繁华"的景象。民国 9 年（1920 年），厦门开展第一次旧城改造，市区道路形成"一纵四横"格局（即思明南路、思明北路及中山路、大同路、厦禾路西段、思明东路、思明西路）。然而，由于地理位置的特殊性，厦门作为"海防前线"，城市建设和经济发展受到很大的制约。从 20 世纪 80 年代至今，厦门历经了多次改革，今天的厦门已逐渐发展成为一座高素质的创新创业之城、高品位的生态花园之城。

2.1.3　厦门的气候

厦门位于北回归线偏北约 1°，属于亚热带海洋性季风气候，年平均气温 20.9℃。年降雨量岛内约 1100 mm，西北山地增至 1600 mm。岛内平均年降雨日数为 122.8 天，多年平均相对湿度为 77%。季风环流季节更替明显，东北季风大致从 9 月至翌年 1 月，2—3 月风向为东北风，4—8 月为东南风，全年各月平均风速 3.4 m/s。

2.1.4　厦门的海域

厦门市所辖海域根据功能区划分为厦门西部海域、同安湾海域、厦门岛东侧海域和大嶝海域 4 个部分。

（1）厦门西部海域位于厦门岛西部，北起厦门海堤，南至胡里山与青屿连线以西厦门辖属海域，包括鼓浪屿、鸡屿、火烧屿、宝珠屿等。该海域为厦门市最大、最深的海域，面积约 141 km²。

（2）同安湾海域位于厦门岛北部，五通 – 澳头以北海域，包括鳄鱼屿、大离亩屿等。该海域开发程度较高，是厦门市最主要的海水养殖基地。

（3）厦门岛东侧海域位于厦门岛东岸，南起胡里山、北至五通角沿岸以东海域，以及同安湾口海域。该海域海岸较平直，海域开阔，旅游资源丰富。

（4）大嶝海域地处厦门岛外东北部，西起同安湾口北岸澳头，东至角屿海域，包括翔安新店镇东南岸及大嶝三岛。该海域地理位置特殊，与金门岛最近距离仅 2.4 km，水产资源丰富。

2.1.5 厦门的海岸

厦门的海岸类型复杂，包括基岩海岸、沙质海岸和港湾淤泥质海岸（图 2-2）。

（1）基岩海岸组成物质主要为花岗岩、火山岩及变质砂岩等基岩，水动力以波浪作用为主。基岩海岸分布零散，主要见于基岩岬角岸段，如厦门岛东海岸的白石头、香山角、五通头及同安湾口澳头等岸段。

（2）沙质海岸多发育于基岩岬角间的海湾内，分布于厦门岛东南部、鼓浪屿南部和大嶝岛双沪 – 嶝崎一带。

（3）港湾淤泥质海岸地处隐蔽的港湾内，水动力以潮流作用为主，海岸发育大片淤泥质潮滩，主要分布于厦门西部海域的沙坡尾 – 高崎段、杏林和海沧沿岸、同安湾的西岸及东岸、大嶝海域的欧厝 – 莲河岸段及大嶝岛的西岸和北岸。

（a）基岩海岸　　　　　　（b）沙质海岸　　　　　　（c）港湾淤泥质海岸

图 2-2　厦门的海岸类型

2.1.6 厦门的地形

厦门市由厦门岛、周边岛屿及内陆沿海地区组成。厦门岛中部是钟宅 – 篑筜港（湖）断陷平原，其地势低平，走向东北；以此为界，厦门岛的东南部，除沿海地区有小面积的台地、平原和滩涂分布外，地势较高，多为丘陵，云顶岩（339.6 m）是岛上最高的山峰；厦门岛北部，海蚀台地连绵起伏。集美、海沧、杏林的北面和西面环山，中部和东南部地势低平，主要是台地、平原和滩涂，形成朝向东南开口的汤匙形态。同安区地势以西溪溺谷为中心，向内陆呈阶梯状逐级上升，由滩涂→平原→台地→丘陵→山地有规律地分布。同安区有海拔高度超过千米的山峰 8 座，其中位于汀溪镇北部的云顶山海拔 1175.2 m，是厦门地区最高的山峰（图 2-3）。

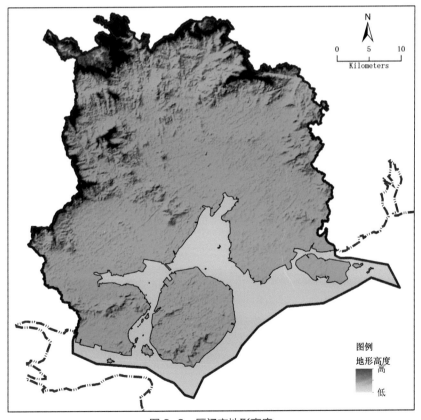

图 2-3　厦门市地形高度

2.1.7 厦门的灾害

厦门遭遇的气象灾害主要有风灾、水灾、旱灾、雷灾及冰雹等自然灾害；海洋灾害主要有风暴潮灾害、海岸侵蚀灾害和赤潮灾害等。一年当中直接或间接影响厦门地区的台风有 4～5 个，其中对厦门造成严重影响的台风平均每年 1 个。以 2016 年为例，全年共受 7 个台风影响，分别是第 01 号台风"尼伯特"、04 号台风"妮妲"、14 号台风"莫兰蒂"、16 号台风"马勒卡"、17 号台风"鲇鱼"、19 号台风"艾利"和 22 号台风"海马"。这 7 个台风中，台风"莫兰蒂"以强台风级别登陆厦门，登陆时最大阵风达 17 级，为新中国成立以来登陆厦门最大的台风，造成了巨大的经济损失。

2.2　城市环境专题图

2.2.1　交通线网

厦门市城市交通整体呈现良好的设施水平和运行状态。根据中国城市规划设计研究院于 2018 年发布的《中国主要城市道路网密度监测报告》显示，全国 36 个主要城市中，深圳（9.58 km/km^2）、厦门（8.458 km/km^2）和成都（8.028 km/km^2）的道路网密度均高于 8 km/km^2，处于全国的前三名。厦门城市内部区域间路网密度差异较小，根据网络数据统计，各区路网密度标准差为 0.86，其中思明区路网密度最高，达 9.47 km/km^2；海沧区路网密度最低，仅 6.68 km/km^2；其他四区路网密度在 8.93～8.41 km/km^{2}之间，较为均衡。通过空间句法分析可以看出，连接厦门本岛和岛外的翔安隧道、杏林大桥、集美大桥，以及海沧大桥句法值最高（图 2–4），体现出较高的交通压力。

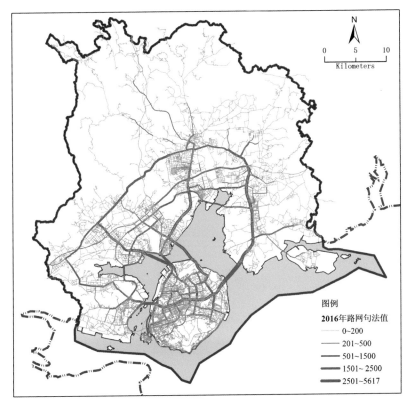

图 2-4　2016 年厦门市路网及句法分析（资料来源：百度电子地图）

　　至 2017 年，厦门市公交站点达 1958 个，公交线路 354 条。从空间分布来看，厦门岛内公交路网密集，岛外公交路网和岛外的中心城区空间形态结构一致（图 2-5）。从公交类型来看，包括了旅游专线、普通公交、机场大巴和社区专车。根据 2016 年交通部数据统计从发车时间来看，公交首班车从早晨 5:15 始发至 20:10，主要集中在 6:00～7:00 之间，其中 6:00 发车 23 条线路、6:30 发车 68 条线路、7:00 发车 28 条线路；从收班时间来看，末班车从 16:20 至第二天凌晨 1:00，主要集中在 20:00～23:00 之间，其中 20:00 收班 17 条线路、20:30 收班 17 条线路、21:00 收班 27 条线路、21:30 收班 15 条线路、22:00 收班 30 条线路、23:00 收班 16 条线路。

图 2-5 2017 年厦门市公交线网和站点（资料来源：百度电子地图）

2.2.2 服务设施

根据百度电子地图统计，厦门市岛内 POI（Point of Interest）点密集且数量大，岛外 POI 点相对稀疏。从 POI 类型来看，餐饮类 POI 点数量为 62817 个、风景名胜 POI 点数量为 1542 个、公司企业 POI 点数量为 47105 个、购物服务类 POI 点数量为 86122 个、住宿服务 POI 点数量为 7746 个、科教文化服务 POI 点数量为 11106 个、商务住宅 POI 点数量 6408 个、生活服务类 POI 点数量 37564 个、医疗保险服务 POI 点数量 5818 个。购物服务、餐饮服务、公司企业、生活服务是厦门 POI 最多的 4 种服务类型。从 POI 点的分布特征来看，岛外形成了海沧、杏林、集美、同安和翔安5 个相对聚集的组团（图 2-6）。

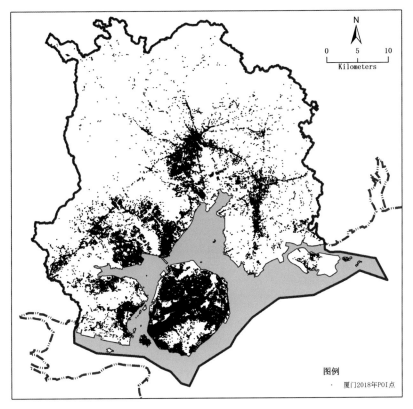

图 2-6　2018 年厦门 POI 分布（资料来源：百度电子地图）

对 POI 进行核密度分析（图 2-7），可以发现岛内岛外存在高集聚度的若干片区，包括鼓浪屿片区、沙坡尾 - 厦大片区、曾厝垵片区、黄厝片区、五缘湾片区和连成一片的湖滨南路沿线片区，以及岛外的海沧区政府片区、悦实广场片区、厦门第十中学片区、凤泉广场片区、集美大学片区、同安区政府片区、同安工业集中区、同安园片区、第五医院片区、翔

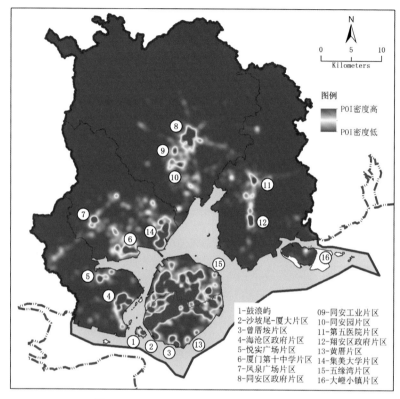

图 2-7　2018 年厦门 POI 核密度与集聚区

安区政府片区和大嶝小镇片区。POI 的集聚在一定程度上反映了厦门当前
的城市活力，对识别城市中心区、与其他空间数据进行关联分析和开展规
划评估都具有重要的借鉴意义。

2.2.3　用地现状

厦门市用地现状类型包括居住、工业、绿地、水域、村镇、公共设
施、特殊用地和市政交通。居住用地在厦门本岛分布集中；工业用地主要
分布在厦门本岛北部局部和岛外的海沧等区域；村镇用地分散于岛外区
域；大型公共设施在厦门本岛和集美区呈现集中趋势。整体来看，厦门本

岛用地发展较为饱和，岛外空间还具有一定的发展潜能（图 2-8）。

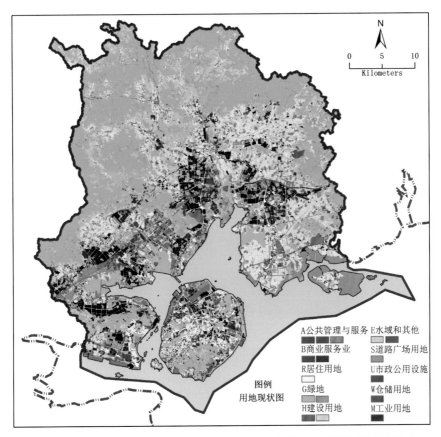

图 2-8　2019 年厦门用地现状图（图片来源：厦门市城市规划设计研究院提供）

厦门市用地现状呈现组团和片区分布格局，如图 2-9 所示。除了鼓浪屿和厦门岛，岛外用地现状的组团片区包括：海沧区政府片区、海沧中学片区、厦门医学院片区、厦门第十中学片区、集美区政府片区、同安区政府片区、同安园片区、同安工业园片区、火炬保税片区、第五医院片区、翔安区政府片区、大嶝小镇片区。现在用地呈现的片区格局，与厦门市的 POI 密度聚居区具有高度的一致性，可以反映出用地现状和城市建设活力的相关性。

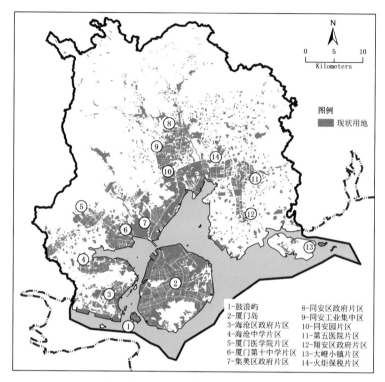

图 2-9　2019 年厦门用地片区分析图

2.2.4　人口分布

2009 年，厦门市法人单位为 65892 个，登记就业人口数量为 2026217 人。法人单位数与登记就业人口数量在空间上呈现出岛内外差异性。其中，思明区法人单位 30968 个，登记就业人口数量为 769560，分别占总量的 46.99% 和 37.98%；湖里区法人单位 15899 个，登记就业人口数量为 521945 人，分别占总量的 24.12% 和 25.76%；厦门本岛法人单位与登记就业人口数量占总量的 71.11% 和 63.74%。岛外海沧、集美、同安、翔安 4 个组团中，集美组团发展相对较好，法人单位达 6400 个，登记就业人口数量为 305601 人，而翔安和同安组团，由于交通及基础配套设施的影响，发展相对缓慢（图 2-10）。

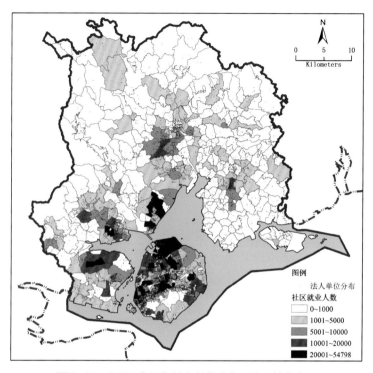

图 2-10　2009 年厦门法人单位分布和社区就业人口

　　从 2017 年厦门市常住人口密度数据来看，厦门全域呈现岛内密度高岛外稀疏的人口分布格局（图 2-11）。岛内除万石山片区以及高崎机场片区外，大部分社区的人口密度都超过了 10000 人 /km^2，有约 50% 的社区人口密度超过了 20000 人 /km^2，而岛外人口密度相对稀疏，集美区和海沧区仅有 3 个社区，人口密度达到了 20000 人 /km^2。岛内外人口密度分布格局的差异也反映了岛内外区域资源分配的差异性。具体看每个区的常住人口分布密度，营平社区、大同社区、仙阁社区、双莲池社区、希望社区、屿后社区、槟榔社区、梧村社区、厦禾社区、金鸡亭社区，是思明区范围内密度最高的 10 个社区；吕岭社区、吕厝社区、塘边社区、坂尚社区、后坑社区、康泰社区、江头社区、金尚社区、金泰社区、兴华社区是

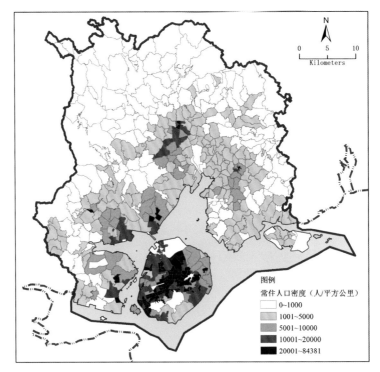

图 2-11　2017 年厦门常住人口密度分布

湖里区密度最高的 10 个社区；叶厝社区、孙厝社区、凤林社区、黄庄社区、马銮社区是集美区密度最高的 5 个社区；城西社区、西安社区、西池社区、三秀社区、西溪社区是同安区密度最高的 5 个社区；后亭社区、友民社区、新兴社区、郑坂社区、五美社区是翔安密度最高的 5 个区；海发社区、未来海岸社区、海达社区、海虹社区、海兴社区是海沧区密度最高的 5 个社区。

　　从新浪微博和 Flick 数据空间分布状态来看，两者的数据存在显著差异，原因是 Flick 数据常用来表征境外游客在厦门的空间分布特征，而新浪微博数据表征的是国内居民或游客的空间分布特征。Flick 数据显示境外游客多在厦门岛内游览，以鼓浪屿、厦门大学和中山路为核心；岛外访问量较少，主要集中在集美学村片区。新浪微博数据显示的城市活力状态和整体特征与厦门市的 POI 分布一致（图 2-12）。

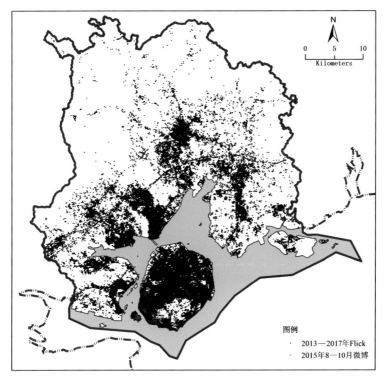

图 2-12　厦门 2013—2017 年新浪微博与 Flick 数据

新浪微博的分析数据为 2015 年 8—10 月采集，共 41 万条。从新浪微博人工标记指定的位置信息来看，曾厝垵、集美学村、鼓浪屿、莲前街区、轮渡码头、黄厝、禾山街区、后溪镇、侨英街区、高崎国际机场、厦门大学、新店镇、厦门站、中山路、蔡塘广场、体育路、湖里万达、厦港街区、瑞景、集美大学等地名被提及的次数最多。从新浪微博的分布密度聚集区来看（图 2-13），存在明显的 24 个高密度区域，包括鼓浪屿、轮渡码头、沙坡尾－厦门大学、厦门大学学生公寓、曾厝垵、台湾民俗村、黄厝沙滩、加州－瑞景广场、梦幻世界乐园、湖里万达广场、巿政大厦、禾济宫、厦门站、SM 城市广场、T3 航站楼、T4 航站楼、国际邮轮中心、集美大学、厦门工学院、华夏学院、南洋职业学院、厦门大学翔安校区、同安广播电视大学，这些高密度集聚区包含了知名的旅游景点、交通枢纽中心、学校和购物游乐中心。

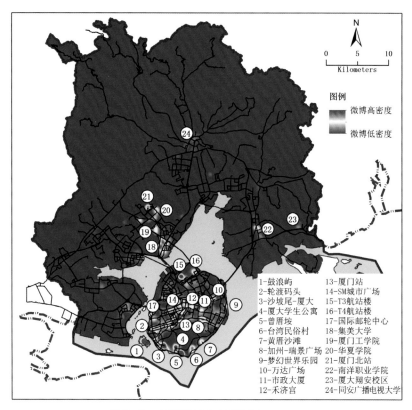

图 2-13　厦门微博密度聚集区

2.2.5　旅游资源

厦门市具有天然的全域旅游基础，优质的旅游资源呈现"一主四片区"的特征。主片区以厦门岛为核心，包括一个国际级旅游资源，即"鼓浪屿国际历史社区"，两个国家级旅游资源，即"中山路文化休闲街区"与"五缘湾国际旅游度假区"，以及 30 余个区域级旅游资源。四片区分别是：以汀溪国际康养度假小镇为主的北部同安片区、环同安湾的中部集美创意片区、以大嶝岛台贸小镇为核心的东部翔安片区和以天竺山国家森林公园为主体的西部海沧片区。同时，厦门旅游资源在价值上呈现层次化、差异化，在品质上呈现国际化、本土化，不仅具有丰富的自然旅游资源支撑厦门多层次的观光、研学产品体系，而且以中西交融的人文特质成就了厦门多彩的人文景观（图 2-14）。

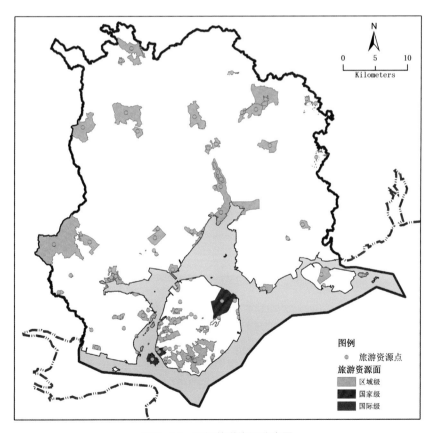

图 2-14　厦门旅游资源分类图

厦门旅游资源主要包括文化休闲街区、风景名胜区、主题公园、旅游城市综合体、旅游养生度假区、沙滩海岸休闲地、特色小镇、海洋特色景点、研学旅行中心等。其中，文化休闲街区包括商业街、鱼市、艺术等；风景名胜区包括世界遗产地、植物园景区等旅游资源；主题公园包括森林公园、城市公园、运动主题公园、湿地公园、儿童游乐公园、战地观光公园等；旅游城市综合体包括各类文化创意综合体；旅游养生度假区包括郊野公园、度假区、农场等旅游资源；沙滩海岸休闲地包括浴场、海岸等旅游资源；特色小镇包括渔港码头、茶艺、动漫、美食等旅游资源；海洋特色景点包括岛屿、码头、港口等旅游资源；研学旅行中心包括文创、演艺类旅游资源，见表 2-1。

表2-1　厦门旅游资源分类表

类型	名称	类型	名称
文化休闲街区	中山路文化休闲街区	旅游养生度假区	五缘湾国际旅游度假区
	第八市场		慈济文化养生度假区
	沙坡渔港疍民文化街区		同安古城文化旅游区
	祥店里休闲商业街区		海沧大桥旅游区
	华新路摄影街		大轮山－梅山旅游区
	大元路美食街		造水温泉康养地
	百家村美食街		大屏山郊野公园
	南洋风情度假街区		香山郊野休闲公园
	莲花文创基地		蔡尖尾山都市山地旅游区
	龙山文化创意产业园		大帽山境
	厦门老茶厂		大帽山欢乐农场
	海沧油画村		自在田园
	乌石浦油画村	沙滩海岸休闲地	音乐海岸
风景名胜区	鼓浪屿国际历史社区		国家文化艺术中心海岸
	万石山风景名胜区		观音山欢乐海岸
	北辰山旅游风景区		海沧沙滩浴场

类型	名称	类型	名称
主题公园	天竺山国家森林公园	特色小镇	大嶝岛台贸小镇
	莲花国家森林公园		汀溪国际康养度假小镇
	五通灯塔"光"主题公园		呷茶小镇
	筼筜湖海湾公园		澳头渔港特色小镇
	东坪山公园		集美动漫小镇
	狐尾山花园		集美灌口汽车小镇
	忠仑公园		食尚小镇
	前埔海岸运动公园		吕塘文化休闲小镇
	仙岳山福地公园		竹坝南洋风情小镇
	湖边水库公园		玛瑙风情小镇
	马銮湾湿地公园		沧江古镇
	城市阳台滨海公园		海丝风情小镇
	美峰体育公园	海洋特色景点	大屿
	下潭尾国家湿地公园		猴屿
	铁路文化公园		火烧屿
	方特梦幻王国		大兔屿
	浪漫滨海国家体育公园		小兔屿
	老院子民俗文化风情园		白兔屿
	胡里山炮台		厦门帆船基地
	战地观光园		嵩屿综合码头
	厦门古城遗址公园		高崎国际购物港
旅游城市综合体	海上世界城市综合体		小嶝英雄岛
	日月温泉综合体		中州岛海湾生态岛
	船厂湾滨海城市空间		高崎渔人码头
	海湾硅谷创意综合体	研学旅行中心	灵玲国际马戏城
	海洋文化创意综合体		园博苑海湾创想花园
	海洋商业创意综合体		集美文创城
	丙洲岛海丝方舟综合体		厦门文创总部基地
	环东海域五星级酒店群		竹坝国际研学基地

Part 2 自然生态环境分析

本篇主要介绍遥感在近岸风场、海面温度、陆地温度和植被覆盖 4 个自然生态环境领域的应用，分别从应用背景、数据源、研究方法、结果与讨论 4 个方面展开分析。

第三章

SAR 近岸风场分析

本章以欧空局 Sentinel-1 卫星的合成孔径雷达（Stop And Reverse，SAR）影像为数据源，对反演近岸风场的方法进行了介绍，对厦门附近海域风场反演的结果进行了讨论。

3.1 引言

风是由太阳辐射引起空气流动的一种自然现象，是地球上各种天气现象的主要驱动力，因此风场的分析对于地球环境和气象等有着极其重要的意义。传统的海面风场测量主要通过现场观测手段实现，如船舶、海上浮标、沿岸海洋观测站等。由于船舶、浮标等观测手段费用高昂，加上海洋面积巨大，可获得的现场海面风场数据十分有限，难以满足大面积海面风场观测需求。[5]不断发展的卫星遥感技术为大面积风场观测提供了可能，可利用的手段包括散射计、辐射计和 SAR 等。

当卫星观测角在 15°～70°范围内时，当地风产生的海面微尺度波是雷达后向散射的主要散射体[6]，同等条件下，风速越大，海面微尺度波导致的海面粗糙度也越大，雷达后向散射强度也越大，这使得主动微波遥感装置反演海面风速成为可能。1974 年，美国利用 Skylab 空间站搭载的散射计首次进行了微波传感器对风速响应的试验，确认了散射计的后向散射系数与风速之间存在相关关系。美国和欧洲随后发射了 Seasat-A SASS、NSCAT、QuikScat、RapidScat、ERS–1/2 WSC、Metop-A/B ASCAT 等多个散射计，获取了大量海面风场观测数据。[7] 我国的海洋二号（HY–2）卫星上也搭载了一个 Ku 波段的微波散射计，其刈幅宽度达 1700 km，风速测量范围为 2～24 m，精度为 2 m/s，风向测量精度为 20°。[8]

与散射计不同，辐射计属于被动微波遥感设备，通过测量目标物的辐射强度和辐射特性进行探测，风速越大海面发射率也越大，辐射计所观测到的海面辐射亮温值也越高。海表面的辐射特性可以用 4 个 Stokes（斯托克斯）参数来表示，包括 2 个正交极化参数和 2 个交叉极化参数。传统的微波辐射计只能测得正交极化 Stokes 参数，从而只能获得风速值，而全极化微波辐射计可以测量得到海面的 4 个 Stokes 参数，所以可以同时反演海面风向和风速。

但是，微波散射计和辐射计的空间分辨率通常为 25～50 km，难以满足对高分辨风场的反演需求。另外，由于海、陆或海、冰后向散射系数的巨大差异，会令散射计数据产生旁瓣污染，这使其无法测量近岸几十公里内，以及岛屿或冰缘附近的海面风场。[9] 在这种情况下，与散射计或辐射计相比，SAR 不仅同样具有全天时、全天候观测海洋的能力，同时还可以通过距离向的脉冲压缩和方位向的孔径合成实现更高的二维空间分辨率。[10] SAR 的成像原理如图 3–1 所示。

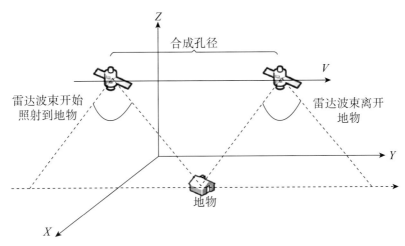

图 3-1　SAR 的成像原理

3.2　应用背景

在海洋上，风与绝大多数的海水运动密切相关，不仅是海面波浪的直接动力成因，还驱动了区域和全球海洋环流的形成。海面风场是海洋与大气相互作用的重要媒介，调节着海水和大气之间的物质及能量输送，对气候变化有着重要的调节作用。海面风场对海洋航运、捕鱼作业、海洋工程和风能开发等，也具有非常重要的价值。此外，海面风场还是气象预报必备的参数之一。

SAR 发射微波信号对海表面粗糙度的变化十分敏感，通过分析海面风向、风速和雷达入射角的关系，可以直接从 SAR 图像中获取风场数据。Sentinel-1 雷达星座拥有欧洲现代商业 SAR 所具有的先进技术，与 ERS-1、ERS-2 及 ENVISAT 卫星既一脉相承又有技术革新。与 ERS-1、ERS-2 相比，Sentinel-1 具有更短的重访周期，在保持宽刈幅的条件下获得了更高的分辨率和图像质量，对于观测海面上的风场具有重要意义。

3.3 数据源

本章所采用的 SAR 图像数据源于 Sentinel-1 雷达星座，包含两颗相同轨道的 SAR 卫星：Sentinel-1A 和 Sentinel-1B，分别于 2014 年 4 月 3 日和 2016 年 4 月 25 日发射升空，单颗卫星的重复周期为 12 天，组成双星星座后重复周期为 6 天，对赤道区域可以达到 3 天的重访周期，高纬度地区重访周期更短。[11] Sentinel-1A 和 Sentinel-1B 都运行于近极地太阳同步圆轨道，轨道高度 693 km，升交点对应地方时约下午 6 点。卫星上仅携带了一台工作在 C 波段（中心频率 5.405 GHz）的 SAR 传感器 [12]，采用右侧视主动相控阵天线，可进行方位、俯仰方向的快速扫描。该 SAR 传感器具有一个极化方式可调（H 极化或 V 极化）的发射链路，以及两个平行的 H 极化和 V 极化接收链路，因而可以拥有双极化（HH+HV 或 VV+VH）的功能。[13] 其星上数据存储容量为 1410 Gb，利用 X 频段进行数据下传，下传速率为 520 Mbit/s。

Sentinel-1 有以下 4 种工作模式。

（1）条带模式：条带模式是为了保持与 ERS 和 ENVISAT 卫星数据的连续性，其分辨率可达 5 m×5 m（距离向 × 方位向），而刈幅宽度为 80 km。通过改变波束照射方向和波束宽度，SM 模式可以在 6 条刈幅中互相切换。该模式仅在少数需要高精度数据的情况下使用。

（2）干涉宽幅模式：干涉宽幅模式是 Sentinel-1 的默认工作模式之一，该模式采用 TOPSAR 技术，通过在距离向和方位向的雷达波束扫描，获取高质量的宽幅 SAR 图像。干涉宽幅模式下雷达将获取 3 条有重叠的子条带并进行拼接，使得图像在保持适中分辨率（5 m×20 m）的前提下同时拥有大的刈幅宽度（250 km）。

（3）超宽模式：超宽模式作为 Sentinel-1 的另外一种主要工作模式，主要用于海冰、极地观测等需要大范围覆盖和快速重访的研究。该模式同样采用 TOPSAR 技术，不同的是单幅超宽模式图像需要通过 5 条子条带拼接而成，可以获得更大的刈幅宽度（400 km），不过同时其分辨率也降低为 20 m×40 m。

（4）波浪模式：波浪模式能够帮助确定开阔大洋的波浪方向、波长和波高，该模式分辨率与条带模式相同，不同的是波浪模式下 SAR 传感器沿轨道方向以 100 km 为间隔按不同入射角（23°和 36.5°）交替获取一系列 20 km×20 km 大小的高分辨率图像，这种"跳跳蛙"式的数据获取方式可大大降低数据容量，因此是开阔大洋的业务化工作模式。Sentinel-1 不同工作模式的工作参数及分辨率等指标见表 3-1。除了波浪模式，其他模式均可用于海面风场反演，其中干涉宽幅模式作为其对地观测的默认工作模式之一，目前所公布的数据量最多，且具有分辨率和刈幅宽度的良好折中。

表3-1　Sentinel-1不同工作模式的工作参数及分辨率等指标

模式	入射角（°）	分辨率（距离向 × 方位向）（m）	幅宽（km）	极化方式
SM	20～45	5×5	80	HH+HV, VV+VH, HH, VV
IW	29～46	5×20	250	HH+HV, VV+VH, HH, VV
EW	19～47	20×40	400	HH+HV, VV+VH, HH, VV
WV	22～35 35～38	5×5	20×20	HH, VV

Sentinel-1 各个工作模式的产品都可以分为 0～2 级。其中，0 级产品是散焦的 SAR 数据，需要进一步处理才能使用。0 级产品通过预处理、多

普勒中心估计、聚焦及图像后期处理生成 1 级产品，包含两种类型：单视复型（Single Look Complex，SLC）产品和地距影像（Ground Range Detected，GRD）产品。SLC 产品为斜距复数图像，包含振幅和相位信息。斜距被定义为雷达到各个反射面的视距，是沿雷达观测方向的自然坐标，因此 SLC 产品在斜距方向不同位置具有不同的分辨率和像素间隔。对于 TOPSAR 模式，其每条子条带都被处理成 1～2 张（依单双极化而不同）单独的 SLC 图像，产品中包含的时间、坐标等信息可以用来将不同 SLC 子图像融合。GRD 图像产品中仅包含强度信息，数据经过多视处理，依照地球椭球模型投影到地球表面。GRD 图像具有接近正方形的分辨像元，产品噪声可以在降低几何分辨率的条件下得到抑制。

2 级产品为从 1 级产品中反演出的海洋风、浪、流信息，具体包括：海面风场（OWI）、海面波浪（OSW）、海表径向速度（RVL）。其中 OWI 元数据由 GRD 产品反演出来，OSW 和 RVL 元数据则是通过 SLC 产品处理得到。1 级 GRD 产品又可以分为全分辨率（FR）、高分辨率（HR）、中分辨率（MR）3 种类型。其中 WV 模式仅具有中等分辨率产品，IW 和 EW 模式具有中等和高分辨率产品，SM 模式同时具有全、高、中 3 种分辨率的产品。产品分辨率除了与成像模式有关，还取决于多视处理的视数。多视处理是在距离向或方位向降低处理带宽，从而将频谱分成多段分别对同一场景进行成像，然后将所得的图像求和叠加得到一幅 SAR 图像。与单视图像使用完整的合成孔径和所有的信号数据合成单幅 SAR 图像不同，多视处理的结果是牺牲了方位或距离分辨率，优点是提高了图像信噪比并有效抑制了斑点噪声。不同成像模式下的地距影像高分辨率产品的分辨率和像素间距见表 3-2。

表3-2 Sentinel-1地距影像高分辨率产品的分辨率和像素间距

模式	分辨率(m) (距离向 × 方位向)	像素间距(m) (距离向 × 方位向)	多视数	等效视数
SM	23 × 23	10 × 10	6 × 6	34.4
IW	20 × 22	10 × 10	5 × 1	4.9
EW	50 × 50	25 × 25	3 × 1	2.9

本章所选取的 SAR 数据类型为 IW 模式的 1 级高分辨率 GRD 产品，在进一步处理之前需要对该类型的 SAR 数据进行数据定标，主要包括地理定标和辐射定标。

Sentinel-1 采用右侧视对地观测，所获得的数据图像与卫星飞行方向平行，且卫星升轨成像时获得的图像上下颠倒，降轨成像时图像是左右颠倒的。利用 SAR 图像进行风矢量反演时，需要明确图像翻转的特点及相对于地理北方的旋转度。Sentinel-1 的 SAR 图像存储为 GeoTIFF 格式，可以通过 GeoTIFF 文件内部包含的地理信息标签实现地理定标，确定各个像素点的经纬度信息。

SAR 图像为灰度图像，描述了观测对象的亮暗差异，包含目标物的纹理特征，可以进行风向提取。但图像灰度值不仅取决于观测目标特性，还与雷达发射功率和成像条件等有关，如果要用 SAR 图像进行风速反演，则需要进行辐射定标将灰度值转换成归一化雷达截面（NRCS）。经过辐射定标后的 SAR 图像，每个像素点所代表的是与雷达信号强度无关的目标物本身的散射特性。辐射定标可以通过 SAR 数据文件中包含的 XML 附属文件实现，定标公式如下：

$$\sigma^0 = \frac{DN^2 - \eta}{A^2}$$

式中，σ^0 表示 NRCS；DN 表示图像灰度值；η 表示噪声参数；A 表示后向散射校正参数（可在 XML 文件中查找）。

3.4　研究方法

3.4.1　风向反演

　　海气边界层的卷涡、朗缪尔环流、表面活性物质聚合等现象会在 SAR 海面图像中造成风生条纹，呈现一条一条的带状亮暗分布。观测试验和理论研究表明这些条纹与实际风向基本一致，可以用于提取海面风向信息。SAR 风向反演方法主要有两种：基于频域的快速傅里叶变换法（FFT）和基于空间域的局部梯度法（LG）。由于风条纹的延伸方向不具有指向性，因而该类方法反演的风向不可避免地具有 180° 的风向模糊，而风向模糊可以借助模型风场或其他遥感风场等进行消除，特殊情况下，比如离岸风所产生的风阴影也可用来消除风向模糊。

　　1. FFT 方法

　　FFT 方法即基于频域的 FFT 方法，顾名思义就是要分析 SAR 图像的频谱特性，并建立其与风向的关联。该方法的原理是图像中的周期性信号在频谱图上会产生两个中心对称的能量峰，其连线与周期信号的波峰线延伸方向相垂直，其距离与周期信号的波长成反向相关。图 3-2 为 FFT 法风向反演示意图，其中（a）图为仿真的包含风条纹的 SAR 图像，仿真图像大小为 5120 m × 5120 m，像素分辨率为 10 m，条纹间距为 1000 m，条纹方向为 −20°（水平向右为 0° 参考线）；（b）图为经过傅里叶变换及尺度分离的频谱图，尺度分离后保留的波长范围为 200 ～ 2000 m，FFT 法提取的条纹方向值为 −21.8°。其基本操作流程如下。

　　（1）选取合适大小的 SAR 子图像，并进行初步的滤波处理减弱噪声信号（本章选用中值滤波进行计算）。

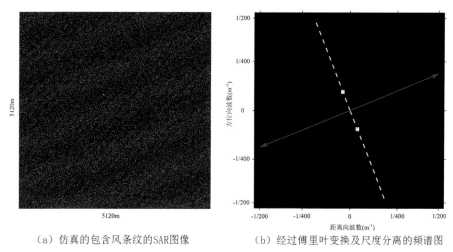

（a）仿真的包含风条纹的SAR图像　　　（b）经过傅里叶变换及尺度分离的频谱图

图 3-2　FFT 法风向反演示意图

（2）对其进行二维快速傅里叶变换得到其频谱图。

（3）对频谱图进行适当的尺度分离，去除高、低频成分，保留风条纹特征。

（4）计算得到谱能量峰值连线，风向与该连线垂直，且具有 180°模糊。

（5）通过引入外部数据（如浮标风向）等消除风向的 180°模糊。

2. LG 方法

LG 方法最初由 Koch 提出，目的是获得比 FFT 方法更好的风向反演结果。其基本原理是，对于存在线性条纹的图像，垂直于条纹的方向，梯度呈现最大值，统计出图像的主梯度方向，与其垂直的方向即是风向。基本计算流程如下。

首先构造低通滤波器对图像进行平滑和降分辨率处理，消除短波信号。

（1）利用 4 阶二项式系数卷积核（$\boldsymbol{B}^4$）对图像进行平滑。

（2）对图像进行 2×2 的抽样平均（$\boldsymbol{A}^2$），使图像分辨率减半。

（3）利用 2 阶二项式系数卷积核（$\boldsymbol{B}^2$）再次对图像进行平滑。

上述三道程序即对图像进行一次低通滤波处理，可用算子 $\boldsymbol{R}$ 表示。

$$\boldsymbol{R}=\boldsymbol{B}^2\boldsymbol{A}^2\boldsymbol{B}^4$$

$$\boldsymbol{B}^2 = \frac{1}{16}\begin{bmatrix} 1 & 2 & 1 \\ 2 & 4 & 2 \\ 1 & 2 & 1 \end{bmatrix}; \quad \boldsymbol{B}^4 = \frac{1}{256}\begin{bmatrix} 1 & 4 & 6 & 4 & 1 \\ 4 & 16 & 24 & 16 & 4 \\ 6 & 24 & 36 & 24 & 6 \\ 4 & 16 & 24 & 16 & 4 \\ 1 & 4 & 6 & 4 & 1 \end{bmatrix}$$

利用上述 $\boldsymbol{R}$ 算子进行平滑处理后，图像大小和分辨率均减半，高频信号得到消除，实现了低通的效果。利用 $\boldsymbol{R}$ 算子进行重复处理，则保留的条纹波长进一步加长。比如，若图像分辨率为 10 m，利用 $\boldsymbol{R}$ 算子进行 3 次平滑处理后，分辨率变为 80 m，则理论上所保留的条纹尺度在 2×80 m 即 160 m 以上。降分辨率处理后的图像用 im 表示。然后开展局部梯度的计算。对于低通处理后的图像中的所有点，利用优化的 sobel 算子 $\boldsymbol{S}$ 来计算每一个像素点所处 3×3 网格的梯度值。

$$\boldsymbol{S}_x = \frac{1}{32}\begin{bmatrix} 3 & 0 & -3 \\ 10 & 0 & -10 \\ 3 & 0 & -3 \end{bmatrix}; \quad \boldsymbol{S}_y = \boldsymbol{S}_x^{\mathrm{T}}$$

$$\boldsymbol{G} = \left(\boldsymbol{S}_x + \mathrm{i}\boldsymbol{S}_y\right)*\left(\mathrm{im}\right)$$

由上式可知，梯度值由行、列方向梯度所组成的复数构成，利用 $\boldsymbol{R}$ 算子分别对梯度的平方和梯度平方的模做平滑。

$$\boldsymbol{G}^{'} = \boldsymbol{R}*\left(\boldsymbol{G}^2\right)$$

$$\boldsymbol{G}^{''} = \boldsymbol{R}*\left(\left|\boldsymbol{G}^2\right|\right)$$

对梯度的平方直接进行平滑，相当于矢量平均，平滑后所得到的模值显然要小于对梯度平方模的平滑，即 $\left|\boldsymbol{G}^{'}\right| \leqslant \boldsymbol{G}^{''}$，通过上式计算可得到一致性参数：

$$C = \frac{\left|\boldsymbol{G}^{'}\right|}{\boldsymbol{G}^{''}}$$

C 值为 0~1 之间的常数，用于衡量图片中邻近点梯度方向的一致性，若梯度方向完全一致，则 $C=1$。对于计算得到的梯度 G，可利用梯度模和一致性参数 C 作为权重，统计出梯度方向的直方图，并通过进一步的平滑处理消除直方图的尖峰，取峰值对应的角度为局部梯度的主方向，而风向则与其垂直且存在 180°模糊。

利用 LG 方法对仿真图像进行风向反演，R 算子平滑次数设定为 3 次，平滑后像素分辨率为 80 m。图 3-3（a）所示为进行 3 次平滑处理后的仿真图像，其条纹信号得到了加强，另外可以看出图片的第一、二和倒数第一、二行列的数据因为卷积运算而失真，因此进一步计算时要舍弃。由图 3-3（b）（计算出的梯度直方图）可知主梯度方向为 70.0°，因此 LG 方法提取出的方向为 -20.0°。

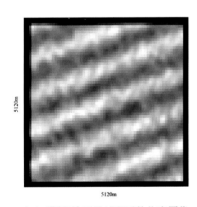 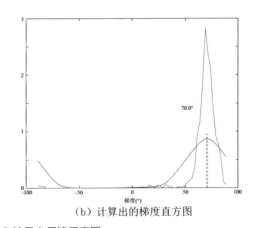

（a）进行 3 次平滑处理后的仿真图像　　　　（b）计算出的梯度直方图

图 3-3　LG 法风向反演示意图

相对于 FFT 法在风向反演时会面临的频谱分辨率限制，LG 方法依赖的是图像中存在的线性条纹的延伸方向，对图像中条纹数量要求降低，适当的平滑次数可以去除噪声信号并掩盖波浪等短波信号。然而需要注意的是，在高分辨率风向反演时，由于图像尺寸的降低，加上像素分辨的限制，在低通滤波处理后进行梯度计算时，会受到样本点不足的影响，其反演精度会降低。

3.4.2　风速反演

主动微波雷达系统通过发射微波信号并接收回波来探测目标信息，其回波强弱与目标物体的表面粗糙度和物质本身的介电常量密切相关。对于一定入射角范围内（如 15°～70°）的海面，其后向散射可以用 Bragg 谐振来解释，如图 3-4 所示。其中，λ_B 表示海表面波长，λ_r 表示雷达波长，θ 表示局地入射角。

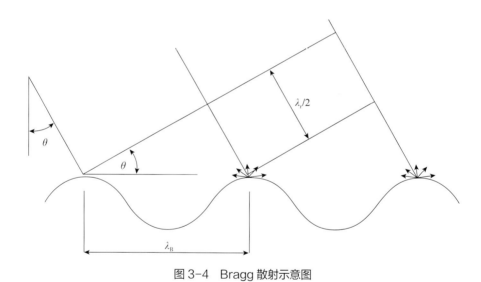

图 3-4　Bragg 散射示意图

Bragg 波波长与雷达波长的关系可以用下式来描述：

$$\lambda_B = \lambda_r / 2 \sin\theta$$

对于 SAR 常使用的微波频段（L 波段、S 波段、C 波段、X 波段），其波长范围是 3～25 cm，而 Bragg 波的尺度与其相当，属于毛细波或短重力波的范畴。

微尺度 Bragg 波主要由当地的风产生，在无风状态下，海表面会变得很光滑，从而加强镜面散射成分，大幅度减弱传感器所接收到的回波信号，所以风的存在是进行 SAR 海面成像的基础。风速的变化会改变海面的粗糙度，从而引起后向散射强度的变化。后向散射强度不仅取决于目标物体的散射特性，还与雷达发功率等有关。为了方便描述观测对象，引入了归一化雷达后向散射截面（Normalized Radar Cross Section，NRCS）σ^0 来表征目标物体的散射特性。利用雷达方程可推导 σ^0，过程如下：

$$P_{\mathrm{r}} = \frac{\lambda^2}{(4\pi)^3} \int_A \frac{P_{\mathrm{t}} \sigma^0 G^2}{R^4} \mathrm{d}A$$

式中，P_{r} 表示雷达接收回波功率；λ 表示雷达发射脉冲信号波长；P_{t} 表示雷达发射功率；G 表示天线增益；R 表示天线与散射面距离；A 表示有效散射截面。

通常可假设 σ^0 在有效散射截面 A 上为常数，上式可转化为：

$$\sigma^0 = \frac{(4\pi)^3 R^4 P_{\mathrm{r}}}{\lambda^2 G^2 A P_{\mathrm{t}}}$$

对于海表面而言，在雷达波束固定的情况下，一定风速范围内（如 $4 \sim 20$ m/s），NRCS 随风速增大而增大，呈现出近似线性相关的特点；而当风速继续增大时，这种线性关系将迅速减弱，从而在一定程度上限制了主动微波装置观测海面风速的范围。对于相同的风速，风向的变化对后向散射强度也有影响，NRCS 随相对风向（实际风向与雷达波束观测方向的差值）的变化呈现周期性变化特征，散射计正是利用多根天线同时或依次以不同方位角观测同一海面，从而确定海面风向信息。NRCS 随相对风向变化关系用下面公式描述：

$$\sigma^0 = A + B\cos\phi + C\cos 2\phi$$

式中，ϕ 表示相对风向；A、B、C 是风速、雷达入射角和极化方式的函数。

1. 地球物理模式函数 CMOD4

地球物理模式函数（GMF）是用来描述海面归一化雷达后向散射系数 NRCS 与海面风速和雷达入射角及相对风向的一种经验函数。GMF 的一般形式如下：

$$\sigma^0 = M(U, \phi, \theta, p, f, L)$$

式中，U 表示海面风速；ϕ 表示相对风向；θ 表示雷达的入射角；p 表示极化方式；f 表示电磁波频率；L 表示海温等其他次要的参数。

GMF 最初主要是针对散射计观测计划提出来的，目前主流的散射计主要工作在 Ku 波段（14 GHz）和 C 波段（5.3 GHz）。这两种工作频段都有自己的优势：Ku 波段的频率较高，从而对地物变化较为敏感；C 波段电磁波波长较长，受云层干扰更小。

本章中的台风现象一般都伴随着体量巨大的云系，因此 C 波段的 SAR 所具有的云层穿透能力对于台风的观测比较有利。CMOD4 函数用于 C 波段，是利用欧洲中期天气预报中心（ECMWF）的模式风场数据提出的一种比较完善的地球物理模式函数算法，其函数形式如下：

$$\sigma^0 = b_0 \left(1 + b_1 \cos\phi + b_3 \tanh b_2 \cos 2\phi\right)^{1.6}$$

式中，b_0、b_1、b_2、b_3 为经验系数。

2. 地球物理模式函数 CMOD5

一种改进的 C 波段散射计海洋地球物理模式函数 CMOD5 被提出[14]。CMOD5 函数利用欧空局 ERS-2 散射计数据及欧洲中长期天气预报中心（ECMRWF）的模式数据，对上一个版本的地球物理模式函数 CMOD4 中的一些参数进行了校正。这些改进有助于地球物理模式函数用于 C 波段散射计风场反演、反演结果模糊的移除，以及在极端天气状况下的应用。CMOD5 模式函数相较于之前的版本，在较高风速下表现更好。CMOD5 模式函数的形式如下：

$$\sigma^0 = b_0 \left(1 + b_1 \cos\phi + b_2 \cos 2\phi\right)^{1.6}$$

式中，b_0、b_1、b_2为经验系数。

3.5　结果与讨论

SAR 图像风条纹并非显著而均一，体现在频谱图上，其能量具有弥散的特征。能量峰值出现在最接近中心（对应长波信号）的位置，这是由于频谱图上的能量值与其所含信号的振幅成正比，而与周期无关，并且越靠近频谱中心能量越集中[15]。虽然 SAR 图像中短波信号由于数量多，肉眼看起来更显著，但在频谱分析时被长波信号所掩盖，另外由于长波信号的能量更接近频谱中心，因此风向反演的误差会被放大。LG 方法提取的是平滑后所保留的条纹的平均延伸方向，且波长越短越能起到主导作用。在实际应用中，LG 方法更能反映风条纹的平均方向，而针对高分辨率风向反演的情况，虽然 FFT 方法占优，但需要的条件较为苛刻。

因此，本章采用 Sentinel–1A 在厦门附近海域获取的 SAR 图像（获取时间为 2018 年 10 月 18 日），选取 LG 方法对微波影像进行风向数据反演，使用 CMOD5 模型进行风速数据反演，得到分辨率为 5.12 km 的风向风速数据图。

厦门本岛周边海域包括同安湾、马銮湾、西海域、南海域、东海域和大嶝岛海域。其中，根据海域风速反演结果来看，厦门本岛北部海域风速较大，达到 25.8 m/s，本岛南部海域风速较小为 17 m/s（图 3–5）。这种差异可能是由于厦门岛西侧的九龙江水系和同安湾下来的水系合力造成的风口格局，使得厦门岛南部区域成为最适宜居住的区域。而事实上，看厦门的城市发展历史，南普陀、厦门大学及中山路商业区均位于厦门岛南部风速较小的区域，厦门的城市发展也是从本岛西南向东北逐渐扩展。

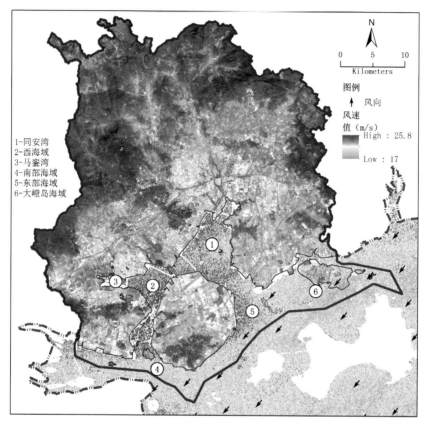

图 3-5　厦门本岛附近海域风向风速反演结果

　　近岸风场分析结果有较大的应用前景。首先，在风力资源利用上，厦门常年风大，厦门市教科文卫委在 2018 年提出《关于充沛发掘厦门可再生能源的主张》，拟建立厦门市域风力资源检测网络，构建厦门市域风力资源查询分布图，用以合理布局之后的风力发电站、潮汐发电站和波浪发电站。福建省已编制完成《全省滨海陆地风能资源查询点评和风电场工程规划》，规划 2020 年风电达 200～250 kW。结合 SAR 近岸风场分析和侧风主动观测站，福建省规划可供开发的滨海陆地候选风电场址 50 多个，近海海域约 20 个，厦门将结合土地总体规划及城市总体规划，对风电场规划选址的可行性进行评估。其次，在城市微气候改善方面，近岸风场分析具有应用前景。城市自然通风是改善城市热岛效应、调节城市微气候的有效手段之一，目前国内外许多城市已将自然通风评估纳入法定的环境规划或城市规划中。最后，在城市设计上，风场分析能够发挥数据支撑作用，风道上的建筑高度、密度、排布控制、城市道路排布方向及绿化等，都能依据风场分析来设计与管控。

第四章

Himawari-8 海面温度分析

本章以日本静止轨道气象卫星 Himawari-8（葵花八号）影像为数据源，介绍反演海面温度的方法，并对厦门附近海域海面温度反演的结果进行分析和讨论。

4.1 引言

海面温度（Sea Surface Temperature，SST）即海洋表层海水的温度，是海洋内部及海洋与大气之间能量交换、水汽交换相互作用的结果，也是全球性海洋环流的直接动力来源，对全球大气环流和气候变化具有非常重要的影响。对于沿海城市而言，海面温度还直接影响陆地气温和降水等。

根据是否与海水接触，海面温度的测量方法分为直接观测法和间接观测法两类。直接观测法主要使用接触式温度计进行测量，需要把观测仪器放在被观测位置与海洋表层海水进行一定时间的接触感温来测量海水温度。[16] 常用的观测方式有船舶观测、浮标观测和船体感应温度计观测等，对应的观测仪器主要有表面温度计、颠倒温度计、CTD（温盐深仪）和投掷式温度计等。直接观测法虽然使用广泛，但观测数据不具备时间与空间的连续性，无法实现大范围海域的同步观测，同时船舶测量具有费时费力、花费昂贵等缺点。

20 世纪 80 年代，卫星遥感以较高的空间覆盖率克服了传统直接测量法存在的空间局限性问题，开始被用于海面温度观测。卫星遥感主要使用热红外辐射计和微波辐射计两类不同电磁波频段的被动式传感器，接收来自海洋表面的亮温辐射反演计算海面温度。[17] 与直接观测得到的海面温度不同，卫星遥感测得的海面温度是位于海洋表面约 1 mm 边界层处的表皮温度，一般比表皮以下的海水温度略低。需要注意的是，海面温度卫星遥感极易受到云、雨、水汽、气溶胶和火山爆发的灰尘等颗粒物的影响，而且在海冰覆盖的地区也难以获得准确的数据。[18]

热红外辐射计进行海洋观测的大气窗波段为 3.7～4.1 μm 和 10～12 μm，其中 3.7～4.1 μm 波段受大气的影响较小，对温度的感测更灵敏，但是波段较窄，而且受太阳辐射的影响，因此只能在夜间进行观测。[19] 10～12 μm 波段较宽，但是受到大气中水汽的影响更大。对于热红外辐射计而言，这两个波段都会受到大气中水汽、二氧化碳和臭氧的影响，都需要进行大气校正。目前，国内外常用的热红外波段辐射计主要有 AVHRR、MODIS、TOVS、MVISR、AATSR 和 SCIAMACHY 等。

微波的电磁波波段为 300 MHz～300 GHz，微波辐射计可以通过多个通道，同时观测海表温度、海上风速、降水强度、水汽含量、海冰分布等参数。在微波波段，需要考虑水汽、氧气和液态水吸收的影响，需要计算海面的微波发射率，常用于反演海面温度的算法如 D– 矩阵方法（D-matric Method）、统计逆方法（Statistical Inversion Method）。目前，国内外常用的微波辐射计主要有 SMMR、SSM/I、AMSR-E、AMSR、TMI、GMI 等。与热红外辐射计相比，微波辐射计可以穿透云层，能提供全天候的观测数据，但是由于其波长比热红外波段高几个数量级，因此空间分辨率会较低，而且海洋表面发出的微波辐射强度低于热红外，在近岸由于噪声影响无法获得准确数据。实际上，海面温度的反演通常使用经验方法[20]，特别是多通道统计算法，这样不仅可以回避海水的红外波段发射率的未知问题，又能够同时解决大气校正问题。

4.2 应用背景

厦门具有独特的海洋优势，海域面积 390 km²。近年来，厦门市先后荣获"十二五"国家海洋经济创新发展区域示范试点、国家海洋高技术产业基地、国家科技兴海产业示范基地、"十三五"国家海洋经济创新发展示范市等称号。2018 年，厦门获国家支持建设海洋经济发展示范区。

海温作为海洋研究及监测的基础资料之一，具有极大的研究价值。使用卫星遥感数据反演得到的高分辨率、长时间序列海洋表面温度数据能够广泛应用于海洋资源开发、海洋环境监测等方面。对厦门附近海域进行海表温度反演研究，不仅可以为厦门地区海洋资源的分析与利用提供基础资料，同时也能够为厦门地区海洋生态环境的保护提供监测资料，与厦门地区重视海洋经济与海洋生态保护的发展战略相契合，具有极为重要的科研及实践应用意义。

4.3 数据源

4.3.1 Himawari-8 遥感影像

Himawari-8 卫星是日本新一代气象卫星，装载有目前国际先进的辐射成像仪 AHI（Advanced Himawari Imager），观测通道由 5 个增加到了 16 个，分别是 3 个可见光通道、3 个近红外通道和 10 个红外通道。卫星影像的空间分辨率和时间分辨率也有较大提升，可见光通道云图分辨率达到 0.5 km，近红外和红外通道云图分辨率达到 1～2 km，全圆盘图观测频率达到每 10 min 一次，观测空间范围为 60S～60N，80E～160W，可以为海温等海洋参数反演提供更加优质的遥感影像数据。

使用 Himawari-8 卫星遥感影像进行海温反演研究，构建海温反演模型，改进海温反演精度，可以为海况预报、海洋环境监测、全球气候变化研究等实际应用提供更多的遥感技术支撑和信息服务。本章将用 Himawari-8 的 IR1、IR2、IR4 三个波段进行海温反演。IR1 波段的中心波长为 10.4 μm，IR2 波段的中心波长为 12.4 μm，都处于 10～12 μm 热红外辐射计观测海洋参量的大气窗波段。IR4 波段中心波长为 3.9 μm，处于 3.7～4.1 μm 热红外辐射计观测海洋参量的大气窗波段，见表 4-1。

表4-1　Himawari-8卫星相关波段参数

波段名称	波段号	中心波长（μm）	空间分辨率（km）
IR1	13	10.4073	
IR2	15	12.3806	2
IR4	7	3.8853	

4.3.2　TAO 实测海温数据

TAO 数据由美国国家浮标数据中心（http://tao.ndbc.noaa.gov/）提供，太平洋海岸环境实验室 PMEL（Pacific Marine Environmental Laboratory）建立的热带大气海洋计划锚定浮标阵列，全称为 Tropical Atmosphere Ocean Project，即美国国家浮标数据中心设立的热带大气海洋计划。

1982—1983 年厄尔尼诺现象发生后，热带大气海洋计划正式启动，所有浮标阵列于 1994 年布设完毕。

TAO 数据主要用于赤道附近海洋与地面气象数据的收集，以及拉尼娜、厄尔尼诺等气象异常现象的观测（图 4-1）。可提供海面下 1 m 深，时间分辨率为 10 min 的海温实测数据。TAO 浮标实测数据是过去 25 年来赤道附近海表温度数据的主要来源。

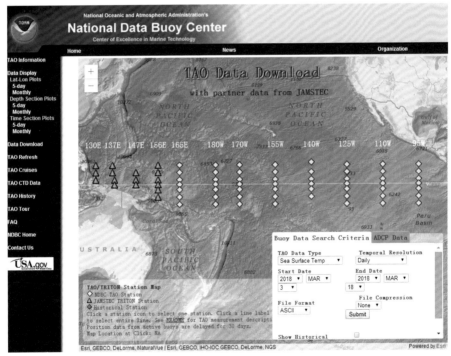

图 4-1　TAO 浮标分布图

本章选取了空间范围在 8S～8N，155W～165E 内的 28 个 TAO 浮标，将其提供的海温数据作为海温反演实测数据，与 Himawari-8 遥感影像数据进行时空匹配，建立海温反演匹配数据集，进而进行海温反演回归公式反演系数的求取。

4.4 研究方法

4.4.1 转换坐标

WGS84 坐标的全称为 World Geodetic System 1984，是美国在 1984
年为 GPS 全球定位系统使用而建立的坐标系统[21]，是目前国际上使用较
为普遍的地心坐标系。处理卫星遥感影像数据时，通常将原始数据转换
为 WGS84 坐标，以便于后续数据处理工作。WGS84 坐标的基本参数
见表 4-2。

表4-2　WGS84坐标的基本参数

椭球类型	坐标类型	椭球定位方式	原点位置
总地球椭球	地心坐标系	与全球大地水准面最密和	包括海洋和大气的整个地球的质量中心
实现技术	椭球长半轴 a（m）	扁率 f	相对精度
现代空间大地测量技术	6378137	1：298257223563	$10^{-7} \sim 10^{-6}$

如图 4-2 所示，截取 Himawari-8 卫星遥感影像数据相关研究区域影
像数据，并将原始数据［图 4-2（a）］转换为 WGS84 坐标数据［图 4-2
（b）］，进行经纬度定位工作，以便后续数据匹配。在实际处理过程中，首
先建立所需区域经纬度网格，使用批处理程序进行坐标转换，最终得到所
需区域 WGS84 坐标数据。

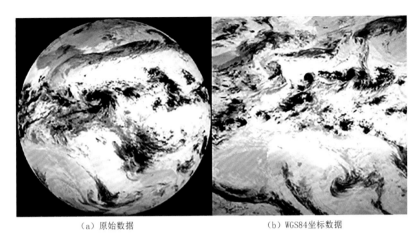

（a）原始数据　　　　　　　　　　（b）WGS84坐标数据

图 4-2　Himawari-8 裁剪与坐标转换示例

4.4.2　回归公式

由于海表温度与遥感影像亮温值呈线性相关，可以使用卫星遥感影像反演海表温度。反演方法主要分为物理方程法和数值统计法[22]，由于海表温度与影像亮温值的物理关系目前还没有准确的函数公式，因此以回归分析法为代表的数值统计法在海温反演领域较为常见。回归分析法是将大量统计数据进行数据处理，分析其数据规律，总结各变量之间的相关关系，选出相关性较好的一个或多个自变量，建立最终回归方程，开展分析预测的一种方法。

电磁波不同波段的大气层透过率有所不同，透过率较高的电磁波波段称为大气窗口。为了减少水汽、二氧化碳、臭氧等对电磁波段的影响，提高遥感影像反演数据精度，通常使用大气窗口电磁波段进行遥感数据分析。同时遥感红外波段具有时空分辨率高、覆盖范围大等特征，因此本章选择红外波段大气窗口进行海温反演。由于电磁波段 11 μm 和 12 μm 两波段红外信号对水汽含量响应差异明显，可以通过比较两波段信号受影响差异来估计大气中的水汽含量，去除水汽影响，得到精度更高的海温数据。本章使用的海温反演回归公式为双通道分裂窗（Split-Window）和三通道分裂窗（Triple-Window）回归公式。分裂窗法又称多通道法、劈窗法，是指在地表温度热红外遥感反演中，利用大气窗口内相邻不同通道对大气吸收作用的不同，通过不同通道测量值的各种组合来剔除大气影响，从而进行大气和地表比辐射率订正的方法。

（1）MC 算法（Split-Window Multichannel SST）：

$$T_s = a_0 + a_1 T_{11} + a_2 \left(T_{11} - T_{12}\right) + a_3 \left(T_{11} - T_{12}\right)\left(\sec\theta - 1\right)$$

（2）QD 算法（Split-Window Quadratic Term Multichannel SST）：

$$T_s = a_0 + a_1 T_{11} + a_2 \left(T_{11} - T_{12}\right) + a_3 \left(T_{11} - T_{12}\right)^2 + a_4 \left(\sec\theta - 1\right)$$

（3）TC 算法（Triple-Window Multichannel SST）（夜间算法，本章使用时间段 19：30 至 04：30 内的夜间遥感影像数据建立 TC 算法的时空匹配数据集）：

$$T_s = a_0 + a_1 T_4 + a_2 T_{11} + a_3 T_{12} + a_4 \left(T_4 - T_{12}\right)\left(\sec\theta - 1\right) + a_5 \left(\sec\theta - 1\right)$$

式中，T_s 表示反演海温；T_4、T_{11} 和 T_{12} 分别表示 Himawari–8 AHI 传感器的 3.9 μm、10.4 μm 和 12.4 μm 通道（即 Himawari–8 AHI 红外通道 IR4、IR1、IR2）亮温；θ 为对应太阳天顶角数据；a_0、a_1、a_2、a_3、a_4、a_5 为多元线性回归模型系数。

4.4.3　匹配数据集

匹配数据集的建立主要有时间匹配和空间匹配两大原则。[23] 由于海表温度随时间及空间变化有所差异，因此将遥感数据与实测数据在时间、空间上进行匹配，可以提高匹配数据对的正确性及有效性，从而建立更为规范的匹配数据集。[24]

取出同一时刻、同一经纬度位置的 TAO 实测海温数据与卫星遥感影像数据建立匹配数据集，总共得到 1744 个时空匹配点。匹配数据字段有 TAO 实测海温数据、太阳天顶角数据、IR1 波段数据、IR2 波段数据及 IR4 波段数据（图 4-3）。

图 4-3　遥感影像实测数据空间匹配示例

4.4.4　质量控制

1. 去除云污染

普遍认为，云层覆盖是影响卫星遥感海温反演精度的重要因素之一，且云层对遥感红外波段影像影响较大。因此，在卫星遥感海温反演质量控制方面，去除遥感影像上受到云污染的数据点是非常重要的处理步骤。在对 Himawari-8 卫星遥感数据进行质量控制时，本章使用日本气象厅提供的 cloudtype 文件，提取数值为 0，即无云处的卫星遥感影像数据（图 4-4）。

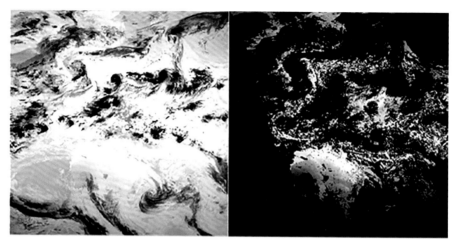

图 4-4　遥感影像数据去云实例

2. 去除异常值

由于回归分析法需要大量遥感亮温与实测海温时空匹配数据对，建立时空匹配数据集来进行回归分析算法系数拟合，时空匹配数据对的质量将直接关系到最后算法系数拟合的准确度，因此对遥感图像及实测数据中异常值的去除非常必要。

图像中的异常值包括：①遥感影像数值为 0 的异常值点；② TAO 中实测温度为 –9.999（无数值）的点；③由于图像数值通常符合正态分布，且有一定的置信区间，因此需去除图像中不在置信区间中的数值点。

4.5　结果与讨论

本章使用的双通道分裂窗 MC、QD 算法，三通道分裂窗 TC 算法均为多通道遥感反演算法。多通道遥感反演算法主要通过不同波段对大气成分不同的吸收量来对比进行大气校正，从而得到较为精确的反演结果。将时间与空间相近的遥感数据点与实测海温数据点建立匹配数据对，继而建立时空匹配数据集，将数据集作为回归分析的输入量，求取各回归分析算法模型拟合系数，并且分析其相关性，比较不同算法反演精确度。本章使用 SPSS 软件进行多元回归拟合计算后，得出不同回归分析算法模型相关拟合系数。3 种算法系数求解结果分别如下。

（1）MC 算法：$R=0.440$，均方根误差为 0.81。

$$T_s = 18.134 + 0.036T_{11} + 0.039\left(T_{11} - T_{12}\right) + 9.38\times10^{-5}\left(T_{11} - T_{12}\right)\left(\sec\theta - 1\right)$$

（2）QD 算法：$R=0.445$，均方根误差为 0.81。

$$T_s = 17.657 + 0.038T_{11} - 0.062\left(T_{11} - T_{12}\right) + 0.009\left(T_{11} - T_{12}\right)^2 + 0.001\left(\sec\theta - 1\right)$$

（3）TC 算法（夜间算法）：$R=0.206$，均方根误差为 4.03。

$$T_s = 8.551 - 0.073T_4 + 0.029T_{11} + 0.110T_{12} - 2.019\times10^{-5}$$
$$\left(T_4 - T_{12}\right)\left(\sec\theta - 1\right) + 0.001\left(\sec\theta - 1\right)$$

由相关系数 R 来看，MC、QD 算法精度最高，TC 算法精度较差。由均方根误差来看，MC 算法与 QD 算法均方根误差较小，TC 算法均方根误差较大。综上所述，选择 QD 算法进行海温反演实例计算，为最优算法。

海温反演精度是影响反演数据应用效果的关键因素，不同的遥感影像数据分辨率不同，导致反演得到的海温数据精度有所差异。Himawari-8 遥感影像时空分辨率较高，可以得到高时空分辨率海温数据，其中时间分辨率为 10 min，空间分辨率为 2 km，可以满足海温数据实践应用的要求。使用的 QD 算法拟合系数是由大量遥感数据和浮标数据建立的匹配数据集求得，适用于小区域海面温度反演，拟合系数具有区域适用性。

本章选择厦门周边海域范围进行海温反演实例的计算，将 Himawari-8 遥感影像各通道值按 QD 算法公式进行计算，得到回归反演海表温度结果（图 4-5，2017 年 11 月 7 日 08：00）。可见，11 月份厦门附近海域海表温

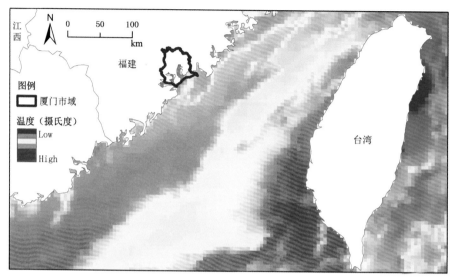

图 4-5　厦门周边海域海表温度反演实例

度平均为 28℃左右，分布较为均匀，温度差异较小，也存在一些反演异常值，可能与陆地干扰或遥感系统噪声有关。

海面温度作为海洋研究的重要基础资料，在城市发展的方方面面有着重要的应用潜力。首先，海岸带开发上，海面温度会对水产养殖的选址产生影响。厦门作为临海城市，2017 年渔业产值为 45.93 亿元，海面温度的监测能够有效指导水产养殖、鱼苗投放点选址。同时，海面温度还会影响海陆间循环，以及城市微气候、城市降水等一系列城市环境问题。其次，在环境保护上，能够分析海面温度的异常，区分海面上的油污、漂浮垃圾等污染源，为环境保护提供支撑。最后，在全球气候变化上，热带气旋的形成与海面温度的变化有着非常密切的关系。

第五章

Landsat 陆地温度分析

本章以 Landsat 影像为数据源，将对反演陆地温度的方法进行介绍，并将对厦门地区的陆地温度反演结果进行讨论。

5.1 引言

地表温度（Land Surface Temperature，LST）即陆地表面的温度，是表征气候变化和陆地环境的重要指标之一，在数值预报、全球环流模式及区域气候模式等研究领域得到了广泛的应用，而且对气象、水文、农业、城市环境和灾害监测等都有重要意义。利用热红外遥感反演地表温度最早可追溯到 20 世纪 70 年代，从 80 年代开始成为研究热点，发现了一系列方法，如单窗算法、劈窗算法、多通道算法及多种变异算法[25]。

针对不同的传感器，学现发现了不同的地表温度反演算法。地表温度反演研究最初主要集中在极轨卫星上，如针对 AHVRR 数据的局地劈窗算法[26]；在此基础上，进一步提出针对 MODIS 数据的通用劈窗算法[27]，以及针对 ASTER 多光谱热红外数据的温度与发射率分离算法[28]。近年来，地球静止轨道卫星数据也越来越多地被应用到地表温度反演中，提出了针对 GOES 卫星的双通道算法[29]，以及采用通用劈窗算法实现 MSG-SEVIRI 数据的地表温度反演算法[30]。每一类卫星数据都有自己的特点和优势，静止卫星可对同一区域进行连续观测，因此可获取半个小时的高时间分辨率遥感数据，适合进行地表温度的日变化研究[31]；极轨卫星时间分辨率相对较低，但具有更高的空间分辨率。本章使用的 Landsat 系列陆地卫星对地观测空间分辨率较高，而陆地温度的空间尺度变化要比海洋和大气小得多，因此 Landsat 系列陆地卫星用于温度反演较为合适。

目前，劈窗算法中的发射率通常采用 NDVI 阈值法[32]、基于植被覆盖度的方法[33] 和分类赋值法[34]。然而已有的研究表明，这些方法在裸露地表精度较差，比如 MODIS 地表温度产品在裸露地表存在明显低估[35]，其中一个重要的原因就是高估了裸露地表的发射率；利用分类赋值法计算的地表发射率不能有效地随地表类型发生变化[36]；MODIS C5 地表温度产品在中国西北干旱地区高估了裸露地表的发射率而导致地表温度被低估[37]；对植被和积雪的考虑，能更加真实地反映地表发射率的动态变化信息。

5.2 应用背景

对于地表温度的测量，传统方法是布置一系列地面站点，但是地面气象站资料数量有限，无法获得广阔的空间范围地表温度数据。随着遥感技术的兴起，利用卫星遥感数据进行地表温度的反演成为可能。陆地卫星空间分辨率较高，覆盖面积大，对于陆地温度的反演具有较好的实用性。[38]

城市热岛是指城区中较高温度的区域，通常被较低温度区域包围，形成岛状。一般认为城市热岛是一种有害的环境，导致人们的生活舒适度降低，加重城市空气的污染和资源的消耗。通过遥感反演地表温度、揭示城市热岛效应，对于研究城市热岛效应的平面布局、内部结构等特征具有显著的优势。因此，近年来随着热红外数据源的增多、分辨率的提高，在城市热岛效应的研究中，遥感手段被广泛应用。

5.3 数据源

Landsat 系列卫星由美国国家航空航天局（NASA）和美国地质调查局（USGS）于 1972 年陆续发射，是用于探测地球资源与环境的系列地球观测卫星系统。其中 Landsat1 ～ 4 均相继失效，Landsat5 于 2013 年 6 月退役，Landsat6 发射失败，Landsat7（ETM+）于 1999 年 4 月 15 日发射，Landsat8 于 2013 年 2 月 11 日发射。目前常用的 Landsat 数据集主要为 Landsat5、Landsat7、Landsat8，其主要参数见表 5-1。

表5-1 Landsat5、Landsat7、Landsat8的主要参数

卫星	传感器	全色	可见光	近红外	短波红外	热红外	雷达	最小	最大	最高	最低	垂直轨道方向
Landsat5	TM		3	1	2	1	—	16	16	30	120	185
Landsat7	ETM+	1	3	1	2		—	16	16	15	60	185
Landsat8	OLI/TIRS	1	4	1	3	3	—	16	16	15	100	185

Landsat8 装备有陆地成像仪（Operational Land Imager，OLI）和热红外传感器（Thermal Infrared Sensor，TIRS）。OLI 被动接收来自地表反射的太阳辐射和地球自身的热辐射，有 9 个波段，覆盖了从红外到可见光的波长范围。与 Landsat7 卫星的 ETM+ 传感器相比，OLI 增加了一个蓝色波段（0.433 ～ 0.453 μm）和一个短波红外波段（Band 9；1.360 ～ 1.390 μm），蓝色波段主要用于海岸带观测，短波红外波段包括水汽强吸收特征，可用

于云检测。TIRS 收集地球热量流失，可以较为准确地估算出地表不同覆被类型的温度，且空间分辨率为 100 m，适用于城市范围内的地表温度反演研究。本章所用的数据源即为 TIRS 传感器数据。Landsat8 OLI/TIRS 传感器参数，见表 5-2。

表5-2　Landsat8 OLI/TIRS传感器参数

传感器	波段	波长范围（μm）	分辨率（m）
OLT	1	0.43～0.45	30
	2	0.45～0.51	30
	3	0.53～0.59	30
	4	0.64～0.67	30
	5	0.85～0.88	30
	6	1.57～1.65	30
	7	2.11～2.29	30
	8	0.50～0.68	15
	9	1.36～1.38	30
TIRS	10	10.60～11.19	100
	11	11.50～12.51	100

电磁波在经过大气的传输过程中，地表热辐射能够穿过两个窗口，分别是 3～5 μm 和 8～14 μm，这里选择的是 Landsat8 的 Band10，即 10.60～11.19 μm。图 5-1 所示为 2016 年 7 月 15 日下午厦门市鼓浪屿附近的 Landsat8 OLI/TIRS 影像。需要说明的是，所选数据覆盖范围厦门岛外云层较多，厦门岛内云层较少，因此后面将重点讨论厦门岛无云片区的陆地温度分布特征。

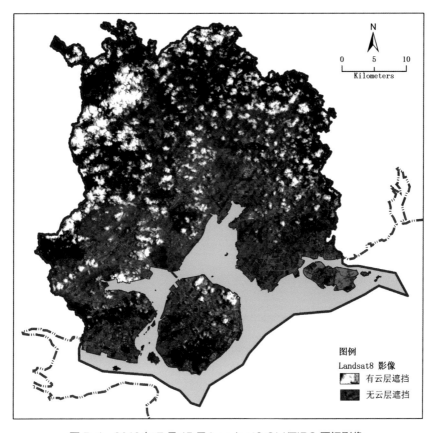

图 5-1　2016 年 7 月 15 日 Landsat8 OLI/TIRS 厦门影像

5.4　研究方法

利用遥感反演地表温度的核心是利用热红外包含的温度信息模拟电磁波传输过程，建立等效黑体比辐射率和对应温度的函数。热红外波段的电磁波中心波长范围为 10～12 μm。普朗克定律指出，等效黑体分光辐射出度（可以理解为电磁波能量）$B_\lambda(T)$ 满足：

$$B_\lambda(T) = \frac{2hc^2}{\lambda^5(e^{\frac{hc}{k\lambda T}} - 1)}$$

其中，常量可以简化为：

$$c_1 = 2hc^2，c_2 = \frac{hc}{k}$$

则物体发出的电磁波能量对应的波长 λ 和物体本身的温度即为确定的关系：

$$B_\lambda(T) = \frac{c_1}{\lambda^5(e^{c_2} - 1)}$$

因此，物体本身的温度 T 可以由其发射对应波长 λ 的电磁波能量对普朗克定律求反函数计算得到，即：

$$T = \frac{K_2}{\ln(\frac{K_1}{B_\lambda} + 1)}$$

上式为理想黑体的谱辐射亮度公式，但由于自然界并不存在绝对黑体，不能直接用传感器接收到的辐射亮度作为物体的等效黑体光谱辐射亮度，实际物体需要考虑其比辐射率；同时，遥感卫星接收到的信号包含地物发出的辐射以及天空光（大气程辐射和其他辐射等），其中地物发出的辐射经过大气也会产生衰减，因此需要考虑大气的影响。

陆地温度反演与海面温度反演要求不同，海表面温度（SST）的空间研究尺度更大，陆地区域地物差别比较明显，因此需要更高空间分辨率的遥感数据。Landsat8 陆地卫星的热红外波段空间分辨率为 100 m，相对 Himawari8 的 4 km 级热红外分辨率更高，更适合做陆地温度反演。目前，地表温度反演算法主要有 3 种：大气校正法、单通道算法和分裂窗算法。其中，大气校正法也称为辐射传输方程（Radiative Transfer Equation，RTE）法本章基于大气校正法，利用 Landsat8 TIRS 反演地表温度，主要处理流程如图 5-2 所示。

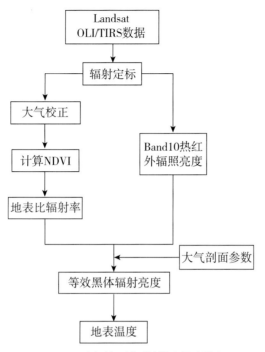

图 5-2　大气校正法反演地表温度流程

　　辐射传输方程法反演温度主要原理是：首先估计大气对地表热辐射的影响，然后将这部分大气影响从卫星传感器所观测到的热辐射总量中减去，从而得到地表热辐射强度，再把这一热辐射强度转化为相应的地表温度。

　　卫星传感器接收到的热红外辐射亮度值由 3 部分组成：大气向上辐射亮度 $L\uparrow$、地面的真实辐射亮度经过大气层之后到达卫星传感器的能量、大气向下辐射到达地面后反射的能量 $L\downarrow$。卫星传感器接收到的热红外辐射亮度值的表达式可写为（辐射传输方程）：

$$L_{\lambda} = \left[\varepsilon B(T_{s}) + (1-\varepsilon) L\downarrow \right]\tau + L\uparrow$$

式中，ε 为地表比辐射率；T_{s} 为地表真实温度（单位：K）；$B(T_{s})$ 为黑体热辐射亮度；τ 为大气在热红外波段的透过率。

此类算法需要两个参数：大气剖面参数和地表比辐射率。

地表比辐射率：Landsat8 TIRS 的热红外波段与 ETM+6 的热红外波段波段范围近似，因此本例中采用与 ETM+6 相同的地表比辐射率 ε 的计算方法。根据 Sobrino 提出的 NDVI 阈值法计算 ε：

$$\varepsilon = 0.004 P_v + 0.986$$

其中 P_v 是植被覆盖度，用如下公式计算：

$$P_v = \frac{\text{NDVI} - \text{NDVI}_{\text{Soil}}}{\text{NDVI}_{\text{Veg}} - \text{NDVI}_{\text{Soil}}}$$

其中，NDVI 为归一化植被指数，$\text{NDVI}_{\text{Soil}}$ 为完全是裸土或无植被覆盖区域的 NDVI 值，NDVI_{Veg} 则代表完全被植被所覆盖的像元的 NDVI 值，即纯植被像元的 NDVI 值，这里取经验值 $\text{NDVI}_{\text{Veg}} = 0.70$ 和 $\text{NDVI}_{\text{Soil}} = 0.05$，即当某个像元的 NDVI 大于 0.70 时，$P_v$ 取值为 1；当 NDVI 小于 0.05 时，P_v 取值为 0。

大气剖面参数：可以在 NASA 提供的网站（http：//atmcorr.gsfc.nasa.gov/）中查询，Landsat 影像的头文件中一般会直接给出成像时间（2016.7.15）及图幅中心经纬度（N24°26′、E118° 04′），可以获取相应的大气剖面参数。

① 大气在热红外波段的透过率 τ：0.85。

② 大气向上辐射亮度 $L \uparrow$：0.75 W/（$m^2 \cdot sr \cdot \mu m$）。

③ 大气向下辐射亮辐射亮度 $L \downarrow$：1.29 W/（$m^2 \cdot sr \cdot \mu m$）。

温度为 T 的黑体在热红外波段的辐射亮度 $B(T_s)$ 为：

$$B(T_s) = \left[L_\lambda - L \uparrow - \tau(1-\varepsilon) L \downarrow \right] / (\tau \varepsilon)$$

接下来，地表温度 T_s 就可以用普朗克公式计算。

对于 TM 传感器，$K_1 = 607.76 \text{ W} / \left(m^2 \cdot \mu m \cdot sr \right)$，$K_2 = 1260.56 \text{ K}$。

对于 ETM+，$K_1 = 666.09 \text{ W} / \left(m^2 \cdot \mu m \cdot sr \right)$，$K_2 = 1282.71 \text{ K}$。

对于 TIRS Band10，$K_1 = 774.89 \text{ W} / \left(m^2 \cdot \mu m \cdot sr \right)$，$K_2 = 1321.08 \text{ K}$。

选择 TIRS Band10 对应的参数代入计算，即可得到地表温度反演结果。

5.5 结果与讨论

5.5.1 陆地温度反演结果

厦门市域地表温度反演的结果如图 5-3 所示，整体上南部和西南部较高，而北部和东部较低。深蓝色和白色夹杂区域为云层造成的反演结果异常区域，不作为参考依据。从厦门陆地温度反演结果来看，温度高的区域

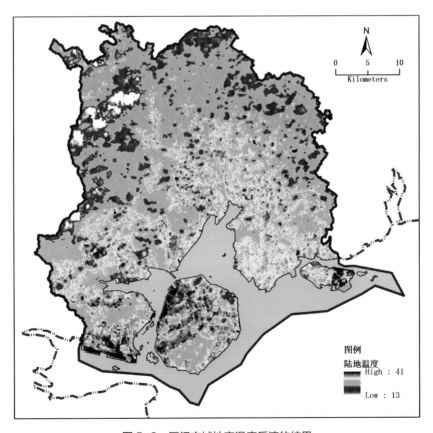

图 5-3 厦门市域地表温度反演的结果

和不透水地表的分布密切相关，可以在一定程度上用温度反演结果来表达城市建设情况。

图 5-4 可以看到，厦门岛南部和西南部思明区为市中心商业区，平均温度达到 34℃，呈现明显的热岛现象，而厦门岛和鼓浪屿周边海水平均温度明显偏低，与实际地表温度相符。鼓浪屿周边地温分布较高的区域包括：龙头路、内厝澳、大同路、沙坡尾、厦门大学演武场、厦门邮轮中心、海沧码头区、厦门体育中心、厦门火车站，而以厦门筼筜湖为代表的水域及其周边环境温度较低。

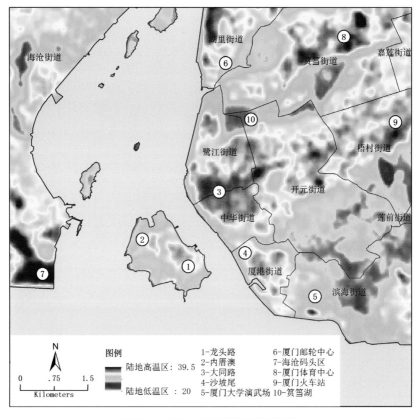

图 5-4　鼓浪屿周边地温分布级别图

表 5-3 和表 5-4 分别对温度分级标准和地表不同温度分级面积比例做了统计。其中，地表温度高于 32.43℃ 标记为高温区。统计结果显示，厦门市范围高温区占比达到 65.92%，中心城区高温区面积达到 35.45%。厦门市中心城区没有重工产业，试验结果反映出热岛现象以及高温区产生的原因可能与该地区人口稠密因素相关。选取的 Landsat8 影像数据时间为 2016 年 7 月 9 日下午 5 点 37 分，进一步分析发现，中山路商圈附近和城市道路路面由于日照的影响，以及该时段人流量较大等因素是造成陆地温度较高的原因。

表5-3　温度分级标准

温度等级	温度区间（℃）
低温区	$T \leq 27.64$
次低温区	$27.64 < T < 32.42$
高温区	$T \geq 32.43$

表5-4　地表不同温度分级面积比例

区域名称	低温区面积比例估算值（%）	次低温区面积比例估算值（%）	高温区面积比例估算值（%）
中心城区	0.40	1.10	35.45
环城区	5.29	5.21	17.29
郊区	14.06	8.02	13.18
合计	19.75	14.33	65.92

5.5.2　反演方法优、缺点讨论

利用辐射传输过程反演温度的方法，方便快捷，从遥感热红外影像到温度反演结果，都可以批量化实现，自动化处理程度高；遥感数据空间尺度较实测站点数据大，有利于更直观地宏观把握城市热量分布，对城市热岛效应的分析十分合适；温度反演一般使用陆地卫星，其轨道高度比较

低，空间分辨率较高，重访周期短，时间覆盖性较好。

本章探索的方法尚未与厦门市气象局实测数据对比。实际应用中，需要根据当地气象部门的实测站点数据，对反演过程的参数进行适当的修正。同时，大气校正法对水汽较敏感，这是由于热红外波段的电磁波无法穿透水蒸气，因此本章选择的区域均为晴空情况下的地表遥感影像；对于云层遮盖的遥感影像，该方法适用性有限。目前对于云层的遮挡，国内外许多学者都在辐射传输方程法的基础上做了相应的改进，但总体来看，云层对热红外的影响仍然较大。

5.5.3　陆地温度在城乡规划中的应用

陆地温度作为对地观测的基础资料，在城乡规划中有着多方面的应用。首先，在城市热环境研究中，学者利用热红外遥感进行城市热岛研究，分析城市空间热环境的现状、成因、时空演变及产生的影响。利用 TM 遥感影像反演陆地表面温度，研究城市热岛效应空间格局，进行城市热岛空间格局多时相对比分析。研究不同用地类型、地块开发强度、交通和热岛效应的关系等。其次，在海绵城市研究中，基于植被 – 不透水面 – 土壤模型和全约束最小二乘法混合像元分解模型，Landsat TM 遥感影像揭示了城市不透水面与陆地表面温度存在明显的一致性，分析其增长模式和驱动因素。最后，在城市环境研究中，能够对城市气候研究提供数据支撑；通过数值模拟、风动试验等手段，能够有效评估空间布局的环境效益，为城市空间布局（如通风廊道规划）及城市发展提供导向性的建议，避免在决策过程中的主观性与盲目性。

第六章

eBee 无人机植被覆盖分析

本章以 eBee 无人机影像为数据源，将对植被覆盖的方法进行介绍，并将对鼓浪屿"莫兰蒂"前后的植被覆盖变化结果进行讨论。

6.1 引言

中华人民共和国成立以来，袭击闽南地区的最强台风"莫兰蒂"给世界文化遗产地鼓浪屿造成了严重的环境破坏和巨大的经济损失。快速有效的灾情监测与评估是开展损失统计与风险管理的前提，也是实施科学防灾减灾决策的重要基础。以往的灾后受灾情况调研主要通过野外现场调查，耗费人力物力，随着遥感技术的逐步成熟，遥感影像在灾情监测和评估中发挥了不可替代的作用，且能够满足现时性与准确性要求。[39, 40]但由于卫星影像空间分辨率与时间分辨率的局限性，时常难以满足对突发性灾害的应急监测需求，无人机低空遥感系统以其成本低、机动灵活、高空间分辨率、高危地区探测等优势，成为突发灾害应急救援和灾后评估服务的有效信息采集手段。[41, 42]

　　植被是最容易受到台风灾害直接影响的环境要素，在国内外利用遥感对台风灾害进行植被监测的研究中，主要利用卫星遥感的多光谱信息计算 NDVI 值，通过台风前后 NDVI 值的变化判断台风（飓风）对植被等土地覆被的破坏程度[43~46]，并进行了 NDVI 值的变化与台风风眼的相关关系研究[47]，分析滑坡、植被和河流颗粒物排放变化的相关特征[48]，以及灾害损失等级的划分研究[49]等。虽然无人机影像克服了传统卫星遥感的空间分辨率与实时性的局限，但无人机遥感数据大多仅含可见光波段信息，难以通过计算 NDVI 值实现定量遥感分析与灾害评估。因此本研究希望在获取植被信息的基础上进行定性分析，并引入景观格局指数进行定量研究，通过定性定量分析相结合的方式支撑结果的科学性。

　　景观格局指数是景观生态学中分析景观格局的主要手段，已有较为广泛的应用，能客观描述区域景观格局的特征和规律。目前对景观格局变化的研究多集中于对演变规律的长时段时序解析或事件前后较大时间跨度的宏观景观变化特征分析[50, 51]，较少关注景观格局演变对生态环境及其区域生态安全的影响[52]。随着景观生态学领域的扩展，研究对象也逐渐由宏观大尺度区域转向城市这一人类活动中心[53, 54]，进而开始关注更为微观的公园、景区、铁路段等小尺度区域[55, 56]。

　　当前，学术界对于小尺度景观区域在突发性灾害事件影响后的景观格局变化研究较少。无人机遥感提供了持续关注与快速监测小尺度空间差异的有效途径。以景观格局指数为依据的分析，也将加深我们对斑块内部结构、动植物群落结构之间相互关系在受到外部扰动后改变程度的理解，有助于构建更加稳定的城市植被景观，并进一步指导能够应对突发风险的景观规划设计。

　　鼓浪屿依托自然环境，伴随着独特的历史发展形成了如今"城在景中、景在城中"的特殊风貌与格局，体现了人与自然和谐共处的城市形象。本章以鼓浪屿为案例地，以"莫兰蒂"台风登陆前后的两期无人机遥感影像为数据源，提取植被覆盖信息，在划分植被与非植被景观的基础上，通过计算景观格局指数，分析台风影响后的植被分布格局变化，并进一步对比图斑差异和计算受灾图斑的景观格局指数，分析鼓浪屿受灾图斑的分布情况与受灾细节，以期提出有效的台风灾害防范与应对策略。

6.2　应用背景

1614 号超强台风"莫兰蒂"于 2016 年 9 月 10 日 14 时在西北太平洋洋面生成，至 11 日 14 时加强为强热带风暴，次日 8 时加强为强台风，并于 9 月 15 日 3 时在福建省厦门市登陆，登陆时中心最大风力达 52 m/s，为超强台风级，7 级大风范围半径 200 km，10 级大风范围半径 80 km。台风"莫兰蒂"不仅是 2016 年全球海域最强的台风，也是继 1917 年以来登陆厦门的最强台风，对我国东南沿海地区特别是正面登陆的厦门地区的社会经济和生态环境造成了严重的破坏。

鼓浪屿面积 1.91 km^2，植被覆盖率 48.5%，四面环海，属亚热带海洋性季风气候。鼓浪屿经常受到海雾、雷暴、台风等灾害性天气的影响，其中台风灾害影响最为剧烈，多集中在 7—9 月份。

6.3　数据源

研究数据为"莫兰蒂"台风前后两个时相的无人机可见光波段遥感影像，拍摄时间分别为 2016 年 4 月 5 日和 2016 年 10 月 17 日，拍摄时天气状况良好。影像采集使用瑞士 Sensefly eBee 固定翼电动测绘无人机搭载可见光相机进行正射拍摄，采用配套的 eMotion2 飞行控制软件平台进行航线设计与相关控制，设置飞机飞行相对航高 225 m，航向重叠率 85%，旁向重叠率 75%，获得空间分辨率为 0.06 m 的影像。其次，使用由 Pix4D 驱动的 PostFlight Terra 3D 后处理软件进行全自动处理，根据姿态信息与控制点对获取的影像进行纠正和拼接。最后，利用 ArcGIS 对两个时相拼接完成后的整幅影像进行精几何校正，并按研究区范围进行裁剪。

台风后的影像为台风登陆后一个月拍摄，鼓浪屿岛上倒伏占道树木等已经完成清理，避免了提取到的植被覆盖区域是由于植物倒伏或散落而造成的偏移，能够清晰且真实地反映鼓浪屿植被损失状况。另外，研究区温暖湿润的气候条件，决定了影像拍摄时间的季节差异对植被的影响不大，不影响整体研究结果的合理性。

6.4　研究方法

本章主要关注植被受台风影响的变化，因此将研究区域分为植被和非植被两类景观。利用监督分类最大似然法对"莫兰蒂"台风前后影像进行划分，分类精度分别达 99.03% 和 99.92%。当 Kappa 系数在 0.9 以上时，能够反映真实的植被覆盖信息，进而获取其矢量数据。利用 ArcGIS 叠加分析提取台风登陆前后的差异图斑，识别台风前后的植被受灾图斑。

为了详细描述与分析植被斑块的空间格局特征及台风后的变化状态，本章引入了景观生态学概念对台风前后的植被景观空间格局变化进行研究。景观指数能够高度浓缩景观格局信息，反映其组成结构和空间配置。[57]本研究选择了以下 9 个景观格局指数：景观 / 斑块类型面积（TA/CA）、景观类型面积百分比（PLAND）、斑块个数（NP）、斑块密度（PD）、最大斑块指数（LPI）、斑块平均面积（AREA_MN）、相似邻接百分比（PLADJ）、斑块结合度（COHEISION）及 Shannon 均匀度指数（SHEI）[58]，景观指数计算公式与生态意义说明见表 6-1。将矢量结果导出为 1 m×1 m 栅格文件，该尺度能够清晰反映植被分布状态，利用 Fragstats 4.2 进行景观指数的计算。

表6-1　研究采用的景观指数及说明

景观指数	公式	说明
景观 / 斑块类型面积（ha）	$$TA/CA = \sum_{j=1}^{n} a_{ij}\left(\frac{1}{10000}\right)$$	某一斑块类型中所有斑块的面积之和
景观类型面积百分比（%）	$$PLAND = 100A^{-1}\sum_{j=i}^{n} a_{ij}$$	描述某一景观在整个景观中的面积百分比，是景观优势度的体现
斑块个数（个）	$$NP = \sum n_i$$	反映景观的空间格局，其值与景观的破碎度有较大相关性
斑块密度（个·100 ha⁻¹）	$$PD = \frac{N}{A}\left(\frac{1}{10000}\right)$$	指某一景观或斑块类型中单位面积内的斑块数量，斑块密度的大小，直接反映景观的破碎程度
最大斑块指数（%）	$$LPI = \frac{\max\left(a_{ij}\right)}{A}$$	反映景观类型优势度。LPI 值大，表明该类型景观优势度大，该项指标用于识别评价范围内占优势度的斑块
斑块平均面积（ha）	$$AREA\_MN = (1000n_i)^{-1}\max\sum_{i=1}^{n} a_{ij}$$	景观类型面积和数量的综合测度，用来表征景观类型的破碎度
相似邻接百分比（%）	$$PLADJ = \frac{g_i}{\sum_{i=1}^{m} g_{ik}}\times 100$$	表示景观的分散程度，不能表示景观类型之间相互混杂的信息

景观指数	公式	说明
斑块结合度	$\mathrm{COHESION} = 100\left[1-\sum_{j=1}^{n}P_{ij}\left(\sum_{j=1}^{n}P_{ij}\sqrt{a_{ij}}\right)^{-1}\right]\left(1-\frac{1}{\sqrt{A}}\right)^{-1}$	反映景观类型的自然连接性，用于测量景观类型的空间连接度，值越大，说明景观的空间连通性越强
Shannon 均匀度指数	$\mathrm{SHEI} = -\sum_{i=1}^{m}P_{i}\log_{2}P\left(\log_{2}m\right)^{-1}$	描述景观结构中各组分的均匀程度，其值越大，景观组成成分分配越均匀

6.5 结果与讨论

6.5.1 台风登陆前植被分布特征与景观格局指数

"莫兰蒂"台风登陆前的植被分布状态如图 6-1 所示，根据提取结果统计得到植被覆盖面积为 0.988132 km², 植被覆盖率达 52%。鼓浪屿上植被的整体分布格局主要呈现在北部、西部、南部沿海区域"半环状"分布，和中部沿燕尾山、笔架山、鸡母山、英雄山的纵向分布。

台风登陆前的植被分布遍及全岛，大面积植被主要分布于鼓浪屿北部兆和山公园、燕尾山生态公园，西南部的骆驼山、鸡母山及周边酒店绿地，以及琴园、日光岩与南部菽庄花园、皓月园等景区，还有鼓浪屿中部的笔山公园、笔架山等区域，其他植被则以私家园林、小块绿地、行道树木等形式分布于道路、广场、运动场等开敞空间或遗产要素、酒店等建筑周围。北部大规模的公园绿地与南部滨海绿地形成了连片的环岛绿地系统，良好的山体绿化形成了贯穿南北的绿化廊道。分布于建筑密集区之间

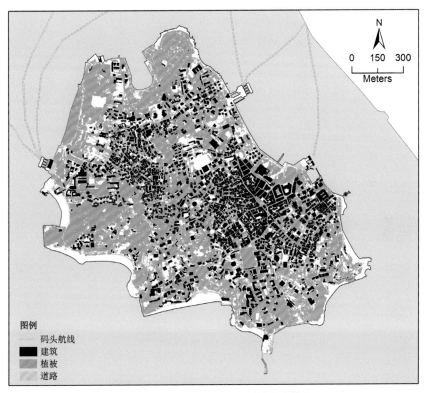

图 6-1　台风登陆前鼓浪屿植被分布状态

的街头绿地，作为主要为社区服务的公共绿地，以生态廊道的形式保证了
全岛绿地系统良好的延续性。

　　大型绿地斑块在城市绿地系统中处于相对重要的位置，对全岛环境的
改善和温室效应的缓解有至关重要的作用，而小型植被斑块则作为大型植
被斑块的有益补充，在丰富城市景观方面发挥了重要作用。[59] 见表 6-2，
台风前研究区域景观总面积为 186.38 ha，斑块数共计 20613 个，平均斑
块面积为 90 m²，最大斑块比例面积为 39.19%，斑块密度大小为 110.60 个 /
ha，说明研究区内小面积斑块比例较大，景观破碎化程度高。景观均匀度
指数很高且趋近于 1，为 0.9981，相对应的优势度指标与其呈负相关，则

为 0.0089,说明景观中没有明显的优势类型,而且各斑块类型在景观中均匀分布,意味着研究区内植被景观与非植被景观比例大致相等,几乎各占一半。整体景观的相似邻接百分比与斑块结合度指数均较大,说明鼓浪屿景观整体呈集聚分布。一般认为在自然景观中的斑块数量较小、平均斑块面积较大,生态连续性较高、系统也更稳定。本研究区域斑块数量多,斑块密集,整体区域内植被与其他类型景观比例均衡,说明是以人工修饰为主的景观特征。

表6-2　台风登陆前鼓浪屿景观格局总体特征

景观水平指数	统计数值	景观水平指数	统计数值
TA(ha)	186.38	AREA_MN(ha)	0.0090
PD(个·100 ha)	11059.82	SHEI	0.9981
NP(个)	20613	COHESION	99.86
LPI(%)	39.19	PLADJ	88.31

由表 6-3 可知,植被景观约 97.98 ha,占 52.57%,其他类型景观约 88.40 ha,占 47.43%,植被的最大斑块指数为 39.19%,大于其他类型的 31.83%,因此植被是全岛的优势景观类型,超过非植被的其他类地物。其他类景观斑块个数和斑块密度相对植被景观较大,但斑块平均面积和最大斑块指数则相对较小,说明其他类景观中小面积斑块数量居多,斑块分布较为分散,景观破碎化程度高,主要是因为其他类地物主要是建筑、道路及沙滩,建筑周围往往会种植树木、草地,从而致使此斑块相对破碎。相似邻接百分比与斑块结合度有显著的正相关关系,两类地物景观的斑块结合度都趋近于 100,显示了其斑块间较高的聚集程度,植被景观体现了相对更高的相似邻接百分比,说明植被聚集程度更高,景观斑块大,形状简单。

表6-3　台风登陆前鼓浪屿景观类型指数

类型	CA（ha）	PLAND（%）	LPI（%）	NP（个）	PD（个·100ha）	AREA_MN（ha）	PLADJ	COHESION
植被	97.98	52.57	39.19	9224	4949.10	0.0106	88.99	99.88
其他	88.40	47.43	31.83	11389	6110.72	0.0078	87.56	99.83

6.5.2　台风登陆前后植被变化分析

1. 台风后景观格局指数与变化分析

受台风影响景观指数发生了一定的变化。见表 6-4，台风后相较于台风前在相同的景观面积下，斑块数共计 15730 个，减少了 4883 个，平均斑块面积为 118 m²，增加了 28 m²，最大斑块比例面积占 47.99%，增加了 8.79%，斑块密度大小为 84.40 个 /ha，减少了 26.20 个 /ha，说明研究区内小面积斑块比例仍然较大，景观破碎化程度高，但有所缓解。这可能是由于台风灾害导致的植被缺失，以及树木倒伏、树冠偏移现象导致原本割裂的斑块相互连续，同时也存在一定季节变化因素的影响。景观均匀度指数为 0.6289，优势度指标则为 0.3711，说明景观中存在优势类型，受台风影响各斑块类型在景观中分布出现一定程度的不均，主要是研究区植被受损导致了其他类景观分布大于植被的现象。整体景观的相似邻接百分比和斑块结合度指数依然较大，说明鼓浪屿景观的整体格局仍然呈现集聚分布。

表6-4　台风登陆后鼓浪屿景观格局总体特征

景观水平指数	统计数值	景观水平指数	统计数值
TA（ha）	186.38	AREA_MN（ha）	0.0118
PD（个·100 ha）	8439.83	SHEI	0.6289
NP（个）	15730	COHESION	99.85
LPI（%）	47.99	PLADJ	89.36

见表 6-5，全岛的优势景观类型由台风前的植被景观转变为台风后的

非植被景观，表征了植被受台风影响而减少的情况。植被景观面积由台风前的 97.98 ha 减少为台风后的 84.25 ha，减少了 13.73 ha；植被比例由台风前的 52.57% 减少为台风后的 44.67%，减少了 7.90%。台风后数据显示植被景观斑块个数和斑块密度比非植被景观更大，但斑块平均面积和最大斑块指数则相对较小，反映了植被景观中小面积斑块数量居多，斑块分布较为分散，景观破碎化程度高，这说明台风袭击直接导致了植被斑块的相对破碎现象，其中其他类景观的斑块密度由台风前 61.11 个 /ha，减少为 37.83 个 /ha，主要由于台风对分布在非植被地物之间的部分小面积植被斑块造成了损害，引起部分植被的缺失，从而导致非植被景观连接成片。斑块结合度都趋近于 100，斑块之间的聚集程度依旧较高，植被景观的相似邻接百分比在台风后小于非植被景观，说明植被聚集程度有所降低。但从整体来看，景观斑块依旧较大，形状简单，体现了鼓浪屿景观良好的风险抵御能力。

表6-5　台风登陆后鼓浪屿景观类型指数

类型	CA（ha）	PLAND（%）	LPI（%）	NP（个）	PD（个·100ha）	AREA_MN（ha）	PLADJ	COHESION
植被	84.25	44.67	16.16	8655	4643.79	0.0096	88.24	99.61
其他	103.05	55.29	47.99	7051	3783.17	0.0146	90.27	99.92

2. 受灾图斑景观格局指数

利用同样方式计算受灾图斑的景观格局指数，数值结果见表 6-6。受灾斑块总面积为 26.71 ha，占全岛总面积的 14.33%、全岛植被面积的 27.26%，斑块个数为 26738 个，说明受灾面积较大，而且受灾地点较多，在全岛各处均有分布。斑块密度大小为 1002.70 个 /ha，平均受灾斑块面积为 10 m^2，最大斑块比例面积为 1.13%，说明受灾区域以破碎的小斑块形式分布。斑块结合度指数较大，为 89.52，说明受灾区域的连通性较高，相对较为集聚，受灾比较严重。受灾斑块的相似邻接百分比为61.06%，说明受灾区域呈现一定的集聚特征，但相比植被分布较为分散。

表6-6　受灾图斑格局总体特征

景观水平指数	统计数值	景观水平指数	统计数值
TA（ha）	26.71	AREA_MN（ha）	0.0010
PD（个·100 ha）	100270.30	SHEI	—
NP（个）	26738	COHESION	89.52
LPI（%）	1.13	PLADJ	61.06

3. 受灾图斑分类

将受灾斑块按照面积大小进行分类，有利于更加清晰地认识研究区的受灾特征。受台风影响斑块的大小，反映了栖息在该景观要素中的生物种群数量和生态过程的受影响程度。利用自然间断点法将受灾斑块按面积大小划分为3类，分别代表大面积受灾区、中等受灾区和小面积受灾区（图6-2）。

不同受灾区域在空间中呈现出一定程度的规律性分布，因此可以对产生这种分异的原因做进一步解释。大面积受灾区反映出受灾面积较大的区域主要分布于鼓浪屿南部，以日光岩、菽庄花园、皓月园等主要景区以及沿海区域的植被为主，该区域主要为海拔较高的山体和台风迎风面区域，而且临海空间开敞没有遮挡，因此受台风灾害影响最大。中等面积受灾区主要分布于鼓浪屿西南部和北部，以燕尾山公园、兆和山公园、笔架山、骆驼山等区域为主，该区域多为大面积植被覆盖的林地公园，相对空旷，因此树木受损较为严重，以及东部钢琴码头、海天堂构、音乐厅周围的部分地区，这些区域则位于迎风位置且植被相对较多，因此受到台风影响较大。小面积受灾区则主要分布在龙头路商业街片区和内厝澳社区此类建筑密集处，以及内厝澳码头区域和东部鹿礁路附近区域，这一区域的植

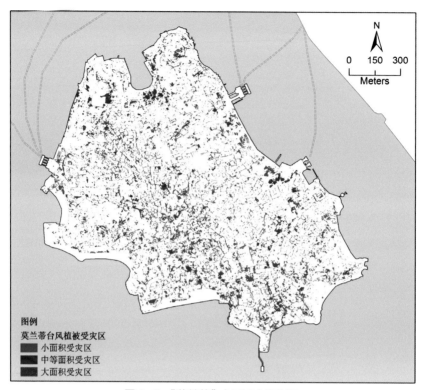

图 6-2 "莫兰蒂"台风受灾斑块图

被分布多集中于建筑间隙，体现了沿街特质，能够反映鼓浪屿生态廊道的受灾特征，内厝澳码头区域则主要受到东南部山体阻挡，因此植被受灾程度较轻。

4.受灾典型细节分析

植被受灾主要发生于树木，对草地的影响较小。全岛树木倒伏 3000 余株，其中全岛的 169 棵名木古树有 19 棵古榕树倒伏，占全岛的 11%，树木枝干受损，树冠稀疏现象普遍。通过无人机影像对受灾区域的比较，植被的受灾情况主要为树木倒伏、树冠稀疏和植被缺失 [图 6-3（a）（c）（e）（g）为受灾前影像，图 6-3（b）（d）（f）（h）为受灾后影像]。

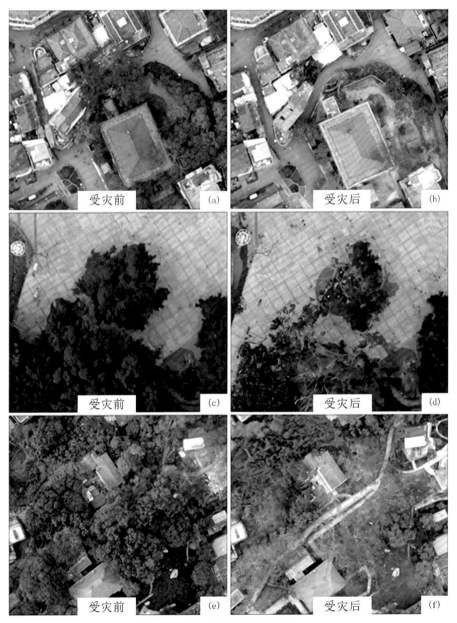

图6-3　典型受灾情景对比

图 6-3　典型受灾情景对比（续）

强劲的风力是导致树木倒伏的直接原因，但在对倒伏树木的调查中发现，许多树木在台风前就普遍受到较明显的病虫害影响，部分树木生长土壤较为疏松，这些因素成为其倒伏的内在原因。岛上倒伏树木在灾后得到了迅速有效的清理，但由于鼓浪屿全岛街巷交错，运输车辆和外部吊装起重设备无法使用，少数较为粗大的倒伏树木难以得到扶正处理，针对这部分无条件扶正的古榕树，进行了修剪并加以稳固支撑，在排除险情的同时保障道路畅通。植被损失主要包括倒伏树木被清理后露出底层草地植被和露出底层裸土或道路这两种情况。这两种现象在植被的受灾评估中反映了一定的差异，前者树木冠层的损失对植被覆盖的提取结果影响很小，导致评估结果显示的植被损失偏小，而后者则能够反映较为合理的树木损失情况，因此若从数量上评估全岛的植被受损情况将更为严重。另外，树木倒伏和枝干掉落，会对周边建筑、院墙造成严重的连带损伤。

Part 3

城市建成环境分析

本篇主要介绍遥感在土地利用、地表形变两个城市建成环境领域的应用，分别从应用背景、数据源、研究方法和研究结果这几方面展开讨论。

第七章

Landsat 土地利用分析

本章以 Landsat 系列遥感影像为数据源，将对城市空间扩展和土地利用演变的方法进行介绍，并将对厦门城市扩展的外在环境因素和内在政策因素进行讨论。

7.1 引言

随着经济的快速发展，城市土地利用正发生着深刻而迅速的变化，并呈现出各自不同的时空特征。[60] 城市化带来的土地利用时空格局的变化，对于研究城市可持续性发展具有重要意义。[61] 传统的人工监测技术无法及时对城市土地利用扩展及其引发的城市环境变化进行动态监测，遥感技术具有快速、准确和实时获取土地利用状况及其变化信息的优势[62]，成为主要方法与热点 [63, 64]。

从理论上讲，当城市发展程度达到在影像分辨率可识别的一定的规模内，就可以从遥感影像中提取城市各类用地及边界。人工神经网络、专家系统、植被不透水表面土壤（VIS）分类、支持向量机（SVM）等方法，已广泛应用于城市土地利用分类。[65, 66] 尽管如此，图像分辨率和城市景观的异质性特征，使单独使用光学遥感方法自动实现城市用地的详细识别具有一定困难。[67]

本章选用 1994 年、2000 年、2006 年、2013 年和 2018 年这 5 期 Landsat 影像为数据基础，采用支持向量机分类方法对厦门市域的土地利用类型进行划分，对城市空间扩展和土地利用演变进行了分析，并从外在环境因素和内在政策因素两方面对其影响因素进行探讨，以期为未来城市建设与可持续的城市化发展提供决策支持。

7.2　应用背景

由于厦门的港口资源优越，在鸦片战争后被迫开放为通商口岸，成为中国沿海最早实施城市化的地区。[68] 厦门的城市化发展过程伴随着城市的无序蔓延现象，对周边生态系统带来一定的破坏和压力。厦门独特的地理空间格局决定了其与陆地城市的差异性，尤其厦门本岛海岛地理特征明显，周边海域限制城市扩张，这使厦门的城市化演化研究更具特殊性。

7.3　数据源

采用 Landsat 系列卫星遥感数据，传感器参数见表 7-1。本章选用 1994 年、2000 年、2006 年、2013 年和 2018 年这 5 期覆盖研究区域的 Landsat 系列影像。研究数据间隔多为 6 年，但由于 2012 年无可利用的 Landsat 数据，因此选用 2013 年的影像作为代替。因为研究区位容易受到云层覆盖的影响，所以选用云量少于 5% 的影像。所选影像级别为 L1T，空间分辨率为 30 m × 30 m，并已经过系统辐射校正、几何精校正和地形校正，数据来源于地理空间数据云网站（http://www.gscloud.cn/），具体数据信息见表 7–2。

表7-1　Landsat系列主要的传感器参数

传感器	TM	ETM+	OLI-TIRS
搭载卫星	Landsat4～5	Landsat7	Landsat8
时间分辨率	16 d	16 d	16 d
空间分辨率	多光谱 30 m，热红外波段 120 m	多光谱 30 m，热红外波段 60 m，全色 15 m	多光谱 30 m，热红外波段 100 m，全色 15 m
幅宽（km）	185	185	180
光谱波段	蓝、绿、红、近红外、短波红外、热红外、中红外	蓝、绿、红、近红外、短波红外、热红外、中红外、全色	气溶胶、蓝、绿、红、近红外、短波红外、热红外、中红外、全色、卷云
发射时间	1982 年	1999 年	2013 年

表7-2　数据源与拍摄时间

年份	拍摄时间	传感器
1994 年	5 月 12 日	Landsat4～5 TM
2000 年	4 月 18 日	Landsat7 ETM+
2006 年	11 月 5 日	Landsat4～5 TM
2013 年	10 月 7 日	Landsat8 OLI-TIRS
2018 年	3 月 11 日	Landsat8 OLI-TIRS

利用 FLAASH 大气校正，消除大气和光照等因素对地物反射的影响，并利用季节纬度信息选择合适的大气传输模型。基于视觉检查，所有图像具有匹配的几何坐标，通过几何校正各年影像误差可小于 0.5 个像素。

7.4　研究方法

7.4.1　土地覆盖类型

本章主要目的在于对城市动态演变特征进行分析，因此根据厦门市影像将土地覆盖类型定义为植被、裸地、城市建成区和水体 4 类。植被主要包括高大乔木、灌木、草地、农田和果园；裸土主要包括植被覆盖较少的裸露土壤表面，如荒地、废弃农田、采石场等；将不透水面定义为城市建成区（以下简称建成区），主要包括以建筑、交通设施等为主的人为景观，包含建成区内小面积绿地与水域；水体则主要包括开放海域、河流、湖塘、水库等。

7.4.2　土地类型监督分类

监督分类（Supervised Classification）又称训练场地法，是在先验知识的基础上，采集训练区样本对影像进行类型划分，将每个像元归并到对应的类别中的方法。首先，选择合适数量的样本区域创建训练样本，样本分离性均达到 1.9 以上。其次，基于 Landsat 数据和训练样本，采用支持向量机分类法执行监督分类。支持向量机是一种利用结构风险最小化原理解决小数据及非线性分类问题的机器学习算法，其基本思想是通过将非线性输入数据无序地变换到高维特征空间来开发最优超平面，从而实现类别的分离[69]，在遥感领域得到了广泛的应用。然后，对监督分类后的结果进行处理，对分类产生的小图斑进行剔除和重新分类。本章使用聚类处理（Clump）、过滤处理（Sieve）和主要（Majority）分析对分类结果进行了处理，并将分类结果转为矢量数据。最后，对分类结果进行精度评价，通过实际数据与处理数据之间的比较，确定分类过程的准确度。本节使用混淆矩阵进行精度评价，表 7–3 显示了各年土地覆盖类型的混淆矩阵，总体精度达到 98%，说明分类精度良好。

表7-3　各年土地覆盖类型的混淆矩阵

年份	土地覆盖类型	裸地	建成区	水体	植被	PA（%）	UA（%）
1994 年	裸地	3576	75	0	0	98.30	97.95
	建成区	55	2434	4	9	96.86	97.28
	水体	0	0	5275	0	99.92	100.00
	植被	7	4	0	16671	99.95	99.93
	Overall accuracy=99.45%；k=0.99						
2000 年	裸地	2070	38	0	2	98.90	98.10
	建成区	3	4228	0	1	99.02	99.91
	水体	2	0	5547	71	99.82	98.70
	植被	21	0	10	6626	98.90	99.53
	Overall accuracy=99.18%；k=0.99						
2006 年	裸地	1515	4	0	0	94.81	99.74
	建成区	81	3688	2	9	99.84	97.57
	水体	0	2	5573	218	99.89	96.20
	植被	2	0	4	4741	95.43	99.87
	Overall accuracy=97.97%；k=0.97						
2013 年	裸地	2057	6	0	0	93.93	99.71
	建成区	132	5496	8	19	99.85	97.19
	水体	1	2	7148	73	99.89	98.95
	植被	0	0	0	5097	98.23	100.00
	Overall accuracy=98.80%；k=0.98						
2018 年	裸地	2105	5	0	0	97.82	99.76
	建成区	47	3152	0	7	99.84	98.32
	水体	0	0	4143	128	99.86	97.00
	植被	0	0	6	11379	98.93	99.95
	Overall accuracy=99.08%；k=0.99						

注：PA（Producer's Accuracy）和 UA（User's Accuracy）分别表示制图精度和用户精度。

7.4.3　城市扩展强度指数

城市扩展强度指数主要用来衡量土地利用的形态变化特征，指空间单元在研究时期内的土地利用扩展面积占土地利用总面积的百分比，又称土地利用动态度指数。城市扩展强度指数实质是用研究区土地总面积对其年平均扩展速度进行标准化处理，使不同时期城市土地利用扩展程度具有可比性[70]。其公式如下：

$$K = \frac{Ub - Ua}{Ua} \times \frac{1}{T} \times 100\%$$

式中，K 为扩展强度指数，代表研究区一定时间内建设用地扩展的快慢；Ub、Ua 分别为研究末期和初期建设用地的数量；T 为研究时段长度。[71]

7.4.4　土地利用转移矩阵

通过土地利用转移矩阵表征研究期内的土地利用功能转换特征。土地利用转移矩阵反映了某一区域某一时段初期和末期各用地类型面积之间的相互转化的动态过程信息，它不但包括静态的一定区域某时间点的各用地类的面积数据，而且含有更加丰富的初期各用地类面积转出和期末各用地类型面积转入的信息。[72] 利用 ArcGIS 的空间分析功能，建立不同时段的土地利用类型的转移矩阵，作为分析土地利用类型变化方向的重要依据。

7.5　结果与讨论

7.5.1　土地覆盖变化

厦门市各类土地覆盖类型的面积变化如图 7–1 所示。可以看出，厦门建设用地面积从 1994 年的 207.80 km^2 增加至 2018 年的 803.22 km^2，建

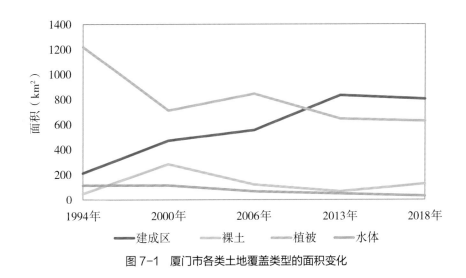

图 7-1　厦门市各类土地覆盖类型的面积变化

设用地面积稳步增长且增幅较大。其中增加的建成区面积主要来自植被区域，从影像可以判断主要来自耕地与林地，其次为裸地与水域。1994—2000 年，植被面积大幅减少，建成区和裸土面积持续增加，说明这一时期进行了持续的城市建设活动。2000—2006 年植被面积有所恢复，城市建设面积增加速度放缓，裸土面积减少，说明这一时期的城市建设活动主要以利用原有裸土为主，植被覆盖区有所恢复。2006—2013 年，建成区面积再次出现快速增长，植被面积减少，说明再次出现占用农田和林地的城市扩展现象。2013—2018 年，各类型土地面积基本维持稳定，面积变化不大。此外，受潮汐变化影响，沿海滩涂面积各时段不宜直接进行比较，因此裸土面积存在一定的误差。

中国城市用地扩张和 GDP 呈高度正相关，经济增长是城市用地扩展最重要、最根本的驱动因素。[73] 根据厦门市统计局的数据，1994 年、2000 年、2006 年、2013 年和 2017 年，厦门市的 GDP 分别为 187.04 亿元、501.87 亿元、1173.80 亿元、3006.41 亿元和 4351.18 亿元。经济的增长以建设用地的增加为基础，从图 7-2 中可以看出，1994—2000 年建设用地

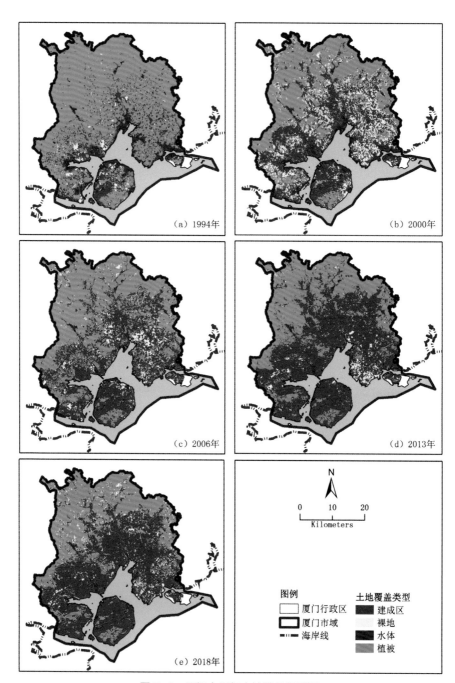

图 7-2　厦门市历年土地覆盖类型图

的增加表现在厦门全域，岛内岛外均有较大规模的建设用地增加，而在
2000—2006 年和 2006—2013 年，厦门岛的建设用地增加不如岛外明显。
2013 年之后，建设用地增加不明显，主要为区域内裸土转移为建设用地，
厦门城市建设进入存量规划和内部用地调整时期。

7.5.2　土地形态变化特征

1994—2000 年是城市建设强度最高的时期，达到 21.04%。实行改革
开放后厦门城市潜力得到充分发挥，建成区面积加速扩张，在 20 世纪 90
年代达到巅峰。2000—2006 年城市扩展强度为 3%，相较于前一时期大幅
降低。21 世纪，受到政策、人口、经济影响，总体规划对建设用地总量进
行了严格的控制，这一时期城市建设主要集中于厦门岛内主城区，扩展主
要是针对原有土地覆被类型进行改变和围填海。2006—2013 年城市扩展
强度为 8.25%，比前一时期城市扩展强度提高了一倍多，这一时期是全国
GDP 高速增长时期，厦门实施了新一轮城市规划，调整建设用地规模，推
动了城市建成区的快速发展。2013—2018 年，城市扩张强度下降为 -0.52%，
城市建设出现负增长状况，表明厦门已经严格限制岛内外建设用地扩展。

7.5.3　土地功能转换特征

由表 7-4 可以看出，植被的净转出量最大，占变化总土地量的
80.04%，其次为水体与裸地，分别占 11.18% 和 5.67%。这一变化说明
1994—2018 年这 24 年间的土地利用功能转换以植被的数量变化为主，且
主要表现为数量的减少，其中 42.45% 转换为建成区，8.14% 转换为裸地
（表 7-5），反映了城市建设过程是以占用农耕地、砍伐林地等为代价。水
体的变化主要表现为数量的减少，其中 55.90% 转换为建成区，13.50% 转
换为裸地，主要以填海造陆的形式向海面、湖面等水体延伸。裸地的变化

量中有 85.38% 转换为建成区，是城市建设行为最明显的特征，有 10.21%
的裸地转换为植被。1994 年原有建成区在 24 年间数量变化较小，基本维
持了原有建成区类型。

表7-4 1994—2018年土地利用转移矩阵

土地利用类型		2018 年				期末面积	转入面积	转入比例
		建成区	裸地	水体	植被			
1994 年	建成区	183.77	7.63	1.79	14.61	803.22	619.45	80.05%
	裸地	39.12	1.93	0.09	4.68	123.98	122.05	15.77%
	水体	62.36	15.06	25.05	9.09	28.96	3.91	0.51%
	植被	517.97	99.36	2.03	600.85	629.23	28.38	3.67%
期初面积		207.80	45.82	111.56	1220.21	1585.39	—	—
转出面积		24.03	43.89	86.51	619.36	—	773.79	—
转出比例		3.11%	5.67%	11.18%	80.04%	—		100.00%

注：表中数据为各地类间面积转移量，单位：km^2。

表7-5 1994—2018 年土地利用百分率转移矩阵（单位：%）

土地利用类型		建成区	裸地	水体	植被
建成区	A	88.44	3.67	0.86	7.03
	B	22.88	4.87	7.76	64.49
裸地	A	85.38	4.21	0.20	10.21
	B	6.15	1.56	12.15	80.14
水体	A	55.90	13.50	22.45	8.15
	B	6.18	0.31	86.50	7.01
植被	A	42.45	8.14	0.17	49.24
	B	2.32	0.74	1.44	95.49

注：A 行表示 1994 年第 i 种土地利用类型转变为 2018 年第 j 种土地利用类型的比例；
　　B 行表示 2018 年第 j 种土地利用类型由 1994 年第 i 种土地利用类型转变而来的比例，
　　单位：%。

从土地利用功能转换的空间分布特征来看，1994—2000 年岛内土地利
用功能转换明显，厦门岛东北部植被减少，转换为建成区与裸地，体现了
岛内城市建设由西向东的发展趋势。岛外大量植被转换为裸土，说明这一

时期开始了耕地占用、林地砍伐等行为，为后期的城市建设做准备，主要集中在同安区与集美区。2000—2006 年，厦门岛东部植被转换为建成区，使建成区面积进一步增加，此时出现了明显的填海造陆，导致本岛岸线变化，主要分布于厦门岛北侧与东北侧的五缘湾、高崎火车站北侧等区域。岛外裸地向建成区的转换明显，各区同样开展大规模的围填海，分布于海沧区东部、同安区南部等水域。2006—2013 年，厦门岛内用地功能基本维持稳定，岛北部出现围填海新增部分土地。土地利用功能转换的重心转移向岛外，岛外各区向北部进一步占用植被，城市建设用地增加明显，各区出现不同程度的填海造陆，以海沧区南部、集美区东部沿海及翔安区南部、大嶝岛东侧海域为代表。2013—2018 年，全域土地利用功能转换基本稳定，少量的建成区增长现象集中在翔安区，大嶝岛东部出现明显的用地扩张。

7.5.4　影响城市扩展的因素

1. 地形环境制约

厦门市空间形态特征明显，岛内为典型的海岛城市，岛外则呈现山地城市的特征。厦门城市空间形态的演变与其多山临海的地理环境紧密相关，城市扩展受到海岸线制约，沿海地带的城市扩展多依靠人工围填海，对生态破坏较大且成本较高。高速的城市化进程对不同高程的土地利用开发情况也不尽相同，建设用地首先是侵占高程低的土地，然后扩展到地势较高、较难开发的用地。因此，在城市化进程中，得到保留的大面积植被覆盖区域往往处于山地。岛内岸线对城市建设的限制最明显，这是海岛型城市最鲜明的特征，建成区已经覆盖了几乎厦门岛（除山地与水体外）的大部分地区。岛外的城市扩展则多沿山势蔓延，受到北部山区的限制。因此，在城市快速扩张的趋势下，厦门相较于平原城市将更早面临城市内部的优化发展问题，需要通过合理的资源配置进一步提升城市功能结构，实现城市紧凑发展。

2. 行政区划调整

城市区划演变是城市发展的最重要的政策性影响因素之一[74]，为城市空间扩展提供了地域、人口、政治和经济等方面的必要条件，对城市发展具有直接的导向作用。随着厦门城市区域的不断扩大，必要的城市空间管辖战略起到了关键作用。1987 年，厦门岛实行城市化管理制度，湖里工业区迅速发展，从郊区分离设立湖里区，同时开元区和思明区管辖面积也向厦门岛东部拓展。2003 年，厦门撤销鼓浪屿和开元区，将其行政区划归思明区管辖，体现了当时思明区发展相对成熟并作为更大整体继续优化发展，岛内两个区的功能也更加明确，即思明区以城市行政管理、旅游和商业金融为中心，湖里区以高科技产业研发生产为中心，土地开发利用重点从西部向东部转移。岛外杏林区更名为海沧区，区政府南迁，带动了厦门西部的发展。同安县划分为同安区和翔安区，为厦门北部及东北部开发奠定了基础。

3. 总体规划调控

科学合理的城市总体规划是指导和控制城市空间扩张的关键因素之一。20 世纪 80 年代厦门城市发展迅速，尤其人口规模超出规划预期，城市总体规划几经修订，厦门城市性质被确立为社会主义海港风景城市和经济特区，规划布局从最初的以厦门岛市区为核心，集中在铁路以西紧凑建设，发展到以厦门岛为中心，四周众多城镇环绕的"众星拱月"的城市格局。90 年代厦门市城市总体规划将城市性质定为我国经济特区、东南沿海重要的中心城市、港口及风景旅游城市，规划以厦门岛为中心，形成环西海域的"一环数片""众星拱月"的多核单中心城市结构，厦门岛片区为全市的政治、经济、文化中心。进入 21 世纪，鉴于厦门城市人口规模已超出上轮规划规模，且城市内部行政区划发生了重大调整，厦门的城市总体规划再次修订，城市性质进一步强调了港口与风景城市的特征，对城市人口规模和建设用地规模都进行了调整。

第八章

InSAR 地表形变分析

本章以欧空局 Sentinel-1 卫星 SLC 影像为数据源，对 InSAR 地表形变的分析方法进行介绍，并对厦门岛的地表形变结果进行分析讨论。

8.1 引言

InSAR 为 SAR 干涉测量技术。随着近年来高分辨率 SAR 卫星的快速发展，InSAR 技术获得了丰富的数据源，也为进一步研究地形特征提供了可能，InSAR 也因此成为获取全球高分辨率、高精度 DEM 的重要技术手段。[75]

基于 InSAR 获取三维地表形变信息的主要技术为差分干涉技术（D-InSAR），主要应用于监测地震、火山活动以及冰川漂移所带来的形变等。[76] 该技术存在一定局限性，即常规的 D-InSAR 技术容易受到时间失相干、空间失相干以及大气延迟等因素的影响，因此需要时序 InSAR 技术来保证时空的相干性，同时利用外部数据或者模拟去除大气延迟。[77] 在这种需求下，有学者提出一种时序 InSAR 技术，即永久散射体差分干涉技术（PS-InSAR）[78]。PS-InSAR 技术在地面沉降、滑坡、断层、火山和建筑物等形变监测方面，有着十分广泛的应用，结果可以达到毫米级，但是在技术层面存在两个问题，一个是 PS 点稀疏会导致精度不高，另一个是大气相位的估计不准确。[79] 除了 PS-InSAR 技术，还有另一种时序差分 InSAR 技术，即短基线差分干涉技术（SBAS-InSAR）。[80]SBAS-InSAR 也是对多个影像做干涉处理，首先将全部图像分为不同的短基线集，然后用 SVD 对这些短基线集做联合求解，有效地解决了由于 SAR 数据集空间基线过长而导致的不连续问题，提高了时间采样率。[81]PS-InSAR 和 SBAS-InSAR 两种时序 D-InSAR 技术，都是城市地表沉降监测的有效手段。

8.2　应用背景

　　厦门地势由西北向东南倾斜，地势地貌构成类型多样，有山地、丘陵、台地、平原、滩涂等。西北部多山地，位于同安与安溪交界处的云顶山海拔 1175.2 m，为全市最高的山峰，东南部为厦门岛和鼓浪屿。由于地形的多样性，而且经济开发区和工业区密集，更需要高精度的 DEM，这时 InSAR 技术就具有重要的意义。另外，厦门位于环太平洋火山地震带附近，具有丰富的地震形变研究资料，同时厦门岛内以及岛外都有许多新建建筑，地震对建筑的沉降有多大影响，也是广为关注的话题。因此，D-InSAR 技术可以提供形变信息作为地震相关的研究资料，时序 D-InSAR 技术也可以提供关于城市建成环境健康诊断相关的形变速率资料。

8.3 数据源

本章使用的 SAR 数据为欧空局 Sentinel–1 卫星 SLC 数据。Sentinel–1 卫星于 2014 年 4 月发射，10 月份逐步投入应用，提供连续的、全天候的 SAR 遥感影像，重访周期为 12 天。卫星提供基于 C 波段成像系统的 4 种成像模式：条带成像模式（SM）、干涉宽幅模式（IW）、超幅宽模式（EW）和波浪模式（WV）。另外，Sentinel–1 卫星提供高精度的轨道数据，能大大提高 InSAR 基线估算的精度。

Sentinel–1 卫星数据提供互联网网站的免费下载，本章选择了覆盖厦门市的 20 幅重复轨道数据进行下载，日期为 2017 年 7 月 19 日到 2018 年 4 月 9 日，成像模式为 IW。该模式的图像分辨率距离向为 5 m，方位向为 20 m，采用的是递进的地形观测扫描方式（Terrain Observation with Progressive Scans SAR，TOPSAR）生成 3 幅子图像。TOPSAR 技术通过采用方位向的多普勒频谱的足够覆盖和垂直向的波数谱确保 InSAR 的有效分析。[82] 由于垂直极化在垂直方向参数的研究上有着更好的效果，因此本章选择的极化方式为 VV 极化。

研究使用的参考数值高程模型（DEM）为 SRTM 数据，分辨率为 90 m。SRTM 数据具有可计算及可视化功能，在各个领域的应用前景十分广阔，尤其在测绘、地壳形变及军事等领域具有十分重要的应用。参考数值高程模型可以用于 InSAR 数值高程模型、DinSAR 形变、PS-InSAR 形变，以及 SBAS-InSAR 形变的计算中。

8.4 研究方法

8.4.1 InSAR 数值高程模型

InSAR 数值高程模型的计算主要利用两幅覆盖同一目标地区的 SAR 影像和参考 DEM，经过处理计算后得到目标地区 DEM，其基本原理如图 8-1 所示。其中 P_0 为目标位置，A_1 和 A_2 为卫星两次成像所在的位置，R_1 和 R_2 为两次成像目标与卫星的斜距，连线 $A_1 A_2$ 即为基线，θ_0 为卫星在 A_1 处对目标的视角，α 为基线与水平方向的夹角，L 为卫星高度，Z 为目标高程。根据两个位置回波相位，可以得到一个相位差，而这个相位差和两个位置与目标的斜距存在以下关系[83]：

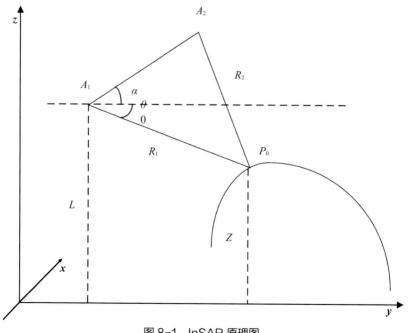

图 8-1 InSAR 原理图

$$\Delta\varphi = \varphi_1 - \varphi_2 = \frac{4\pi}{\lambda}(R_1 - R_2)$$

若基线长度为 B，根据余弦定理可以推出：

$$\cos(\theta_0 + \alpha) = \frac{B^2 + R_1^2 - R_2^2}{2BR_1} \approx \frac{R_1 - R_2}{B} = \frac{\lambda\Delta\varphi}{4\pi B}$$

求出 θ_0 以后，根据几何关系可以求出：

$$Z = L - R_1 \sin\theta_0$$

InSAR 处理的基本流程包括：基线估计、干涉图生成、自适应滤波、相关性计算、相位解缠、轨道精炼和重去平、相位高程转换。其流程如图 8-2 所示。

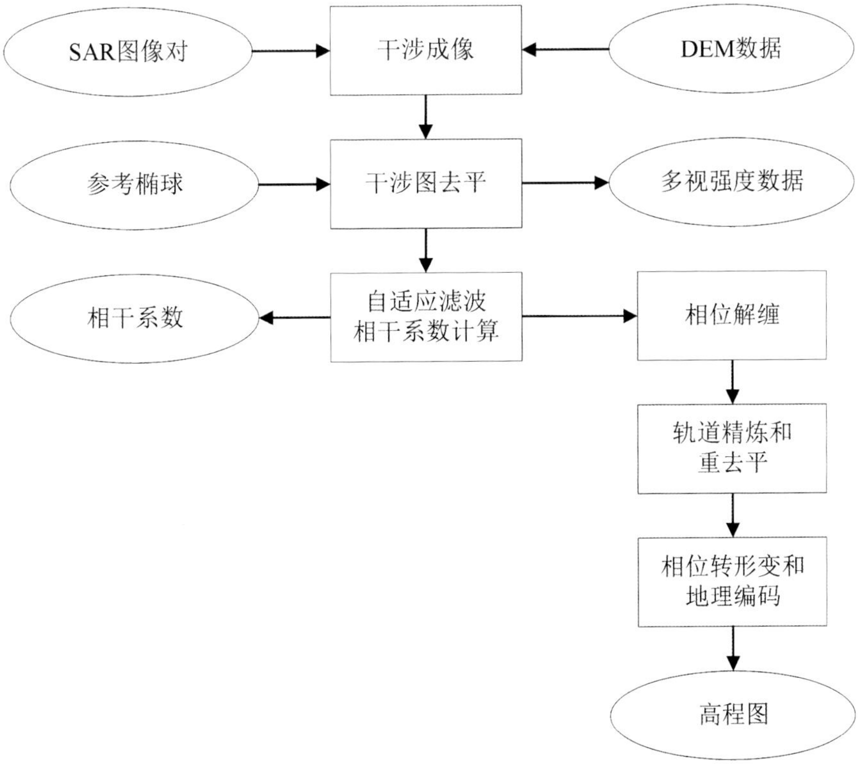

图 8-2　InSAR 处理流程

基线估计主要是为了求取两幅图像成像时卫星相对的几何参数，包括基线长度、基线与水平方向的夹角等。由于 Sentinel-1 卫星具有精密轨道文件，所以基线估计的结果相对准确。

生成干涉图时，本章使用了两期图像，时间分别为 2018 年 4 月 9 日和 2018 年 3 月 28 日。参考 DEM 中的投影参数，通过方位向分成 4 块进行多视处理，得到了干涉图及主图像、辅图像的强度图。干涉图去平是为了去除由于参考水准面不规则带来的相位差，这里使用参考椭球面来去除平地效应。

经过干涉处理后，为了降低噪声，获得干涉图的相关性，再进行滤波和相干系数的计算。滤波的方法包括自适应滤波、Boxcar 滤波及 Goldstein 滤波。自适应滤波会自动分析局部的噪声特性，自动生成权系数进行滤波；Boxcar 滤波是设置一个滑动窗口，在窗口内取平均值；Goldstein 滤波则是先对干涉图分块，对每个分块做傅里叶变换，然后再根据频谱的特性做平滑处理。3 种滤波方法都能有效压制噪声，从标准差的角度而言 Goldstein 滤波效果好，但是有些有效信息可能会被滤除；Boxcar 滤波的平滑效果好，但是可能存在毛刺。[84] 综合考虑效益，本章选择 Goldstein 滤波进行噪声的压制。

相位解缠是为了解决相位模糊的问题，主要方法分为 3 类：路径跟踪算法、最小费用流算法和网格规则算法，经过部分研究者的计算对比发现，最小费用流算法具有较好的连续性与较高的精度。[85] SARscape 软件中的解缠方法有最小费用流算法、区域增长法，其中最小费用流算法有规则网格和三角网格之分，而区域增长法则是基于路径跟踪的相位解缠算法。虽然在精度上最小费用流算法更高，但是在计算效率上区域增长法更快，而三角网格的最小费用流算法能够有效区分高质量数据和低质量数据，因此在解缠过程中可以避开质量不好的区域，提高解缠精度。[86] 本章选择规则网格的最小费用流算法进行相位解缠的计算，解缠阈值设定为 0.2，即相关系数大于 0.2 的进行相位解缠。

轨道精炼与重去平是为了修正轨道参数，进一步校正偏移相位。尽管 Sentinel–1 数据已经提供了精密轨道数据，但仍然要进行轨道精炼。这个步骤需要通过设定控制点来完成，而控制点一般选择在相关系数较高的相位变化不明显的区域。最后，将相位转换为高程，并进行地理编码，即可得到该区域的 DEM。

8.4.2　D-InSAR 地表形变监测

差分干涉测量技术 D-InSAR 是由 InSAR 技术发展来的，卫星通过重复轨道对同一目标成像两次，结合外部的参考 DEM 数据去除地形效应。根据去除地形相位的不同条件，D-InSAR 的方法可以分为二轨法、三轨法和四轨法。二轨法可利用外部 DEM 去除地形相位，而三轨法和四轨法则不需要外部 DEM 输入。[87] 本章采用的方法为二轨法，其基本原理就是分别基于参考 DEM 和无参考 DEM 对两幅图像进行干涉处理，然后用基于参考 DEM 生成的干涉图去除无参考 DEM 干涉图中的地形相位，从而获取形变信息。该技术的干涉成像原理与 InSAR 的原理一致，利用的是相位与雷达波传播距离之间的关系，不同的是两种技术关注的相位信息，其流程如图 8–3 所示。

D-InSAR 与 InSAR 的不同在于一个是获得形变相位，另一个是获得地形相位，而干涉相位组成的公式为：

$$\Delta\phi = \phi_{def} + \phi_{topo} + \phi_{flat} + \phi_{orbit} + \phi_{atmos} + \phi_{noise}$$

式中，ϕ_{def} 为形变相位；ϕ_{topo} 为地形相位，可以通过 DEM 数据或者多轨影像去除；ϕ_{flat} 为平地相位，可以通过卫星轨道数据和成像区域坐标去除；ϕ_{orbit} 为轨道误差造成的相位变化，可以利用精密轨道文件减弱其影响；ϕ_{atmo} 为大气效应造成的相位变化；ϕ_{noise} 为噪声信号引起的测量误差。[88] 通过给定公式可以求出形变相位，进而求出形变量。

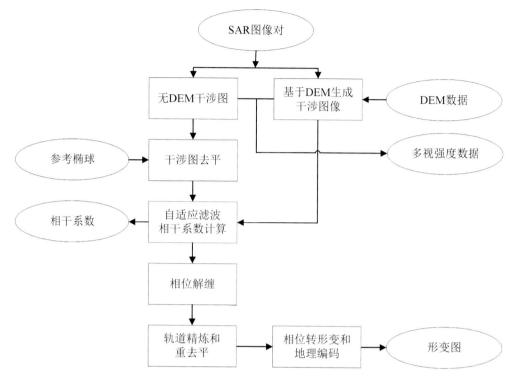

图 8-3 D-InSAR 处理流程

8.4.3 PS-InSAR

PS-InSAR 技术为永久散射体差分干涉 SAR 技术。永久散射体是后向散射系数较强并且时间序列上较为稳定的目标,包括建筑物与桥梁这类地物。该技术是 InSAR 技术针对多时相数据拓展的应用,可以利用一个时间序列上的一组图像探测 PS 点,并获取干涉图像,利用 DEM 差分干涉得到每个 PS 点的形变速率与高程误差。其处理流程如图 8-4 所示。

PS 点选取的方法主要利用的是图像相位的空间相干性。由于形变信息来源于相位,所以在选择 PS 点时需要注意相位信息。通过分析差分干涉相位的组成与空间相关性,可以得到一个判定阈值,从而选出 PS 点。首

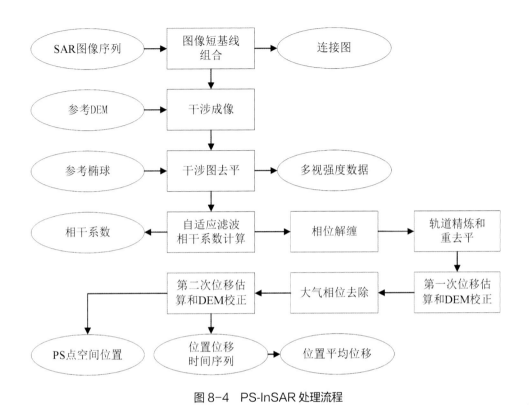

图 8-4　PS-InSAR 处理流程

先，定义每个像素点的稳定性参数 γ_x，其计算公式如下：

$$\gamma_x = \frac{1}{N}\left|\sum_{i=1}^{N}\exp j(\Delta\phi - \overline{\Delta\phi} - \Delta\phi_{\text{topo}})\right|$$

式中，$\overline{\Delta\phi}$ 为对应点附近的干涉相位值；$\Delta\phi_{\text{topo}}$ 为地形误差相位的估计值；γ_x 的阈值可以根据其概率分布来获取。[89]

完成 PS 点的选择之后，对 PS 点进行第一次位移估算并进行 DEM 校正，然后做大气延迟模拟与校正之后再次估算位移获得最后的结果，包括 PS 点空间位置，以及各点的位移时间序列和平均位移。平均位移的解算方法采用最小二乘法，将每对图像每个 PS 点的形变相位差与对应的时间差作为样本做最小二乘计算，求出一个统一的形变速率。[90]

8.4.4 SBAS-InSAR

SBAS-InSAR 技术的思路是将一系列 SAR 图像进行组合，每个组合内的 SAR 图像基线都相对较短，而组合之间的基线则相对较长。通过这样的组合后，该技术提高了数据的利用率。SBAS-InSAR 处理流程如图 8-5 所示。

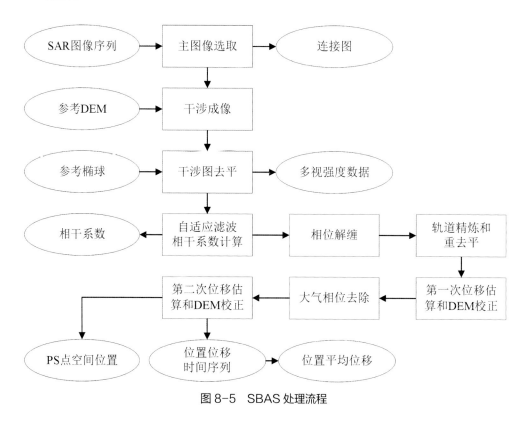

图 8-5 SBAS 处理流程

SBAS-InSAR 的后续流程和 PS-InSAR 基本一致，主要在短基线处理上与 PS-InSAR 不同。短基线处理需要求取每对图像的基线，并根据基线的阈值对图像进行组合，基线低于这个阈值认为图像可以组成短基线集。

8.5　结果与讨论

8.5.1　InSAR 处理结果

本章通过基线估算，选取了基线最长的厦门地区 2018 年 1 月 3 日与 2017 年 10 月 11 日的两景 Sentinel-1A IW 模式数据，利用 InSAR 处理生成厦门的 DEM，其中 2018 年 1 月 3 日的数据为主图像，2017 年 10 月 11 日的数据为辅图像。滤波方法为 Goldstein 滤波，相位解缠方法为最

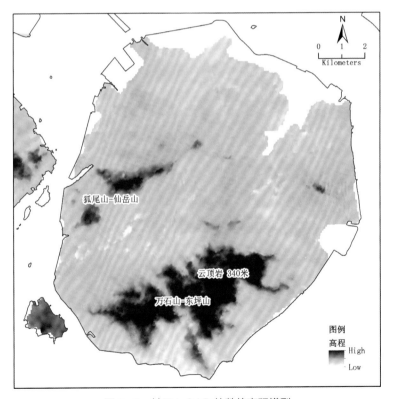

图 8-6　基于 InSAR 的数值高程模型

小费用流算法。在轨道精炼和重去平的过程中，本章选取了 13 个厦门岛上相关系数较大的控制点，精炼后高程均方根误差达到 7.7 m，结果如图 8-6 所示。

8.5.2　D-InSAR 处理结果

由于 D-InSAR 的精度也与基线长度有关，因此本章仍然选择 2018 年 1 月 3 日与 2017 年 10 月 11 日的 Sentinel-1A IW 模式数据做 D-InSAR 处理。滤波和相位解缠的方法与 InSAR 处理一样，选择 Goldstein 滤波与最小费用流算法，控制点选取 13 个。一般来说，由于地形复杂的地区相关

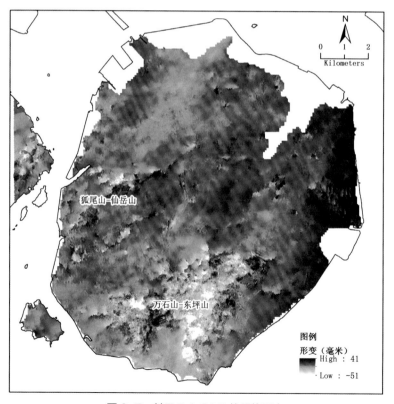

图 8-7　基于 D-InSAR 的最终形变

系数较差，精度较低，需要选取更多参考点进行轨道的精确校正，或者导入精密轨道数据。得到的最终形变如图 8-7 所示。形变正值表示地形有抬高的趋势，最大地形形变为 41 mm/ 年，出现在厦门岛东部五缘湾片区；形变负值表示地形有下降的趋势，对应的最大地形形变为 –51 mm/ 年，出现在现有的山地区域。另外，南部沿海区域出现下沉的情况较多，一部分出现在山地，这种区域地形复杂精度稍低，而另一部分分布在地形平坦高楼较多的区域，可能与建筑造成的沉降有关。

8.5.3　PS-InSAR 处理结果

PS-InSAR 处理时，本章将所有 20 幅图像数据输入，选取 2018 年 4 月 9 日的图像作为主图像，获得的连接图如图 8-8 所示。绘制连接图是为

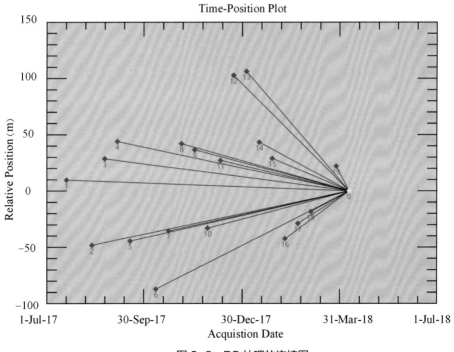

图 8-8　PS 处理的连接图

了更好地看出各个图像的时间、空间相对关系。图中 0 点为主图像的相对时间、空间位置，主图像和其他图像之间连线，纵向分量为空间基线，代表接收两幅图像时卫星所处位置的距离，称之为基线长度，横向分量为时间差，即接收两幅图像时卫星所处的日期之差。从连接图中可以看出，最大时间基线为 264 天，最小时间基线为 12 天，空间基线可以多达 100 m 以上，空间基线短的影像对，最终得到的形变结果会相对较差。

经过 PS 点的选取后，可以得到 PS 点的空间位置，以及用最小二乘法处理后得到的 PS 点对应的平均位移速率。如图 8-9 所示，浅色区域发生

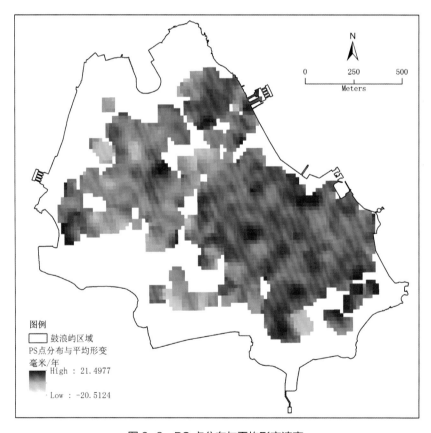

图 8-9　PS 点分布与平均形变速率

抑升而深色区域为下沉，单位为 mm/ 年。PS 点主要分布在鼓浪屿建筑密集的区域，平均形变速率在空间分布上主要表现为东部升高西边下沉，说明西部区域的建筑可能发生了一定的沉降，需要对该区域建筑做进一步的监测。沿海的风景区游客多而且存在其他不稳定因素，不容易产生 PS 点。

　　本章选取了鼓浪屿码头和厦门岛码头上的两个点进行时序分析，绿线代表岛内码头，红线代表鼓浪屿码头（图 8-10），由曲线可以看出岛内码头总体呈下沉趋势，而鼓浪屿码头呈抬升趋势，说明岛内码头地形发生了沉降，可能与建筑密度和建筑的高度有关，岛内建筑对地形造成了更大的影响，这需要对当地建筑做进一步分析。PS-InSAR 技术可以初步判断出哪些点存在形变，与传统方法相比，能够精确地找到建筑沉降区域，从而对该区域进行更细致的调查。

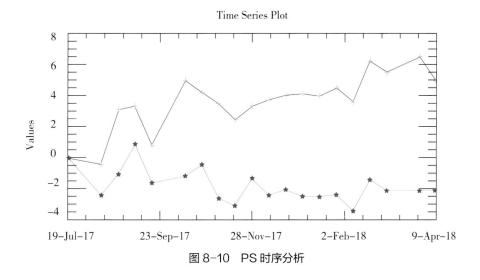

图 8-10　PS 时序分析

8.5.4　SBAS-InSAR 处理结果

　　短基线处理时，本章同样输入了全部图像，设定的空间基线阈值为最大空间基线的 45，时间基线为 40 天，以此建立短基线集合，得到的连接图如图 8-11 所示。与 PS-InSAR 相同，连接图反映了影像之间的空间、时间相对关系，而在逻辑结构上，SBAS 与 PS 不同，短基线 SBAS 需要构成的影像对为空间基线与时间基线较小的影像组合，所以连接图为网格形的组合，每个图像都有对应的短基线组合。

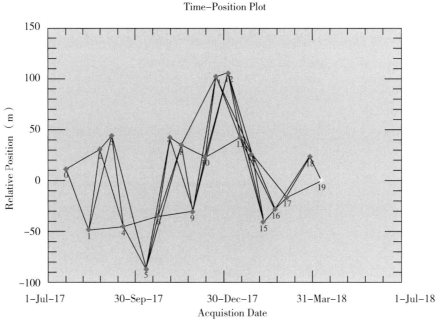

图 8-11　SBAS 处理连接图

根据连接图进行干涉并反演形变速率，可以得到图 8-12 厦门市年平均沉降图，单位为 mm/ 年。与 PS-InSAR 技术不同，SBAS-InSAR 关注的不是建筑物这种永久散射体，而是从大气校正上进行改进，同时利用了短基线的精度优势，获取整个区域的形变速率。从图中可以看出，厦门岛发生了不均匀的沉降，主要分布于西北部和中部，东部地区发生抬升，一方面是因为东部地形复杂，相关系数差，精度可能较低；另一方面可能是因为建筑较少，没有沉降，而西部地区建筑较多为繁华地段，所受的沉降压

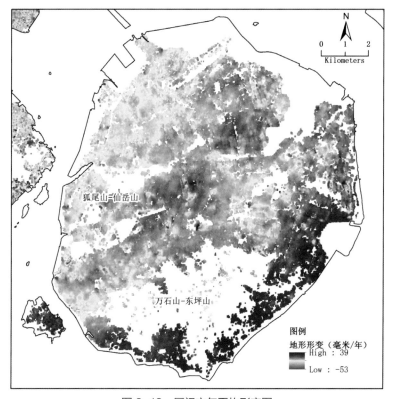

图 8-12　厦门市年平均形变图

力也越大。相比 PS 技术，SBAS 技术可以在保证精度的同时，研究区域范围更大的形变速率。

选取厦门双子塔的位置做了时序分析，得到了形变的时间序列图（图 8-13）。从图中可以看出在 7—9 月份此地发生沉降，而在 2—4 月份发生了抬升。这表明双子塔区域在这段时间没有发生明显地下降，有可能这个点的定位处并没有受到双子塔的影响而发生沉降，该点的地基较为牢固。而要想完全诊断该区域的沉降，则需要确定双子塔覆盖的范围，同时分析更多 SBAS-InSAR 结果图像中对应的点。相比 PS 技术，SBAS 技术能发现除了永久散射体以外更多点的信息。

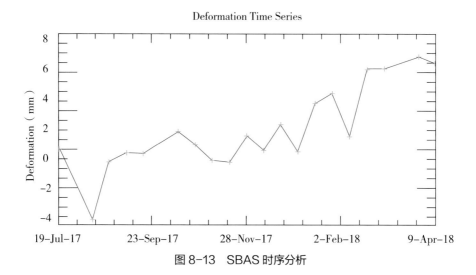

图 8-13　SBAS 时序分析

Part 4

人文社会环境分析

本篇主要介绍遥感在环境承载、城市活力两个人文社会环境领域的应用，分别从应用背景、数据源、研究方法和结果讨论这几方面展开论述。

第九章

Landsat 环境承载分析

本章以 Landsat 遥感影像为数据源，将对环境承载力的分析方法进行介绍，并对厦门的资源环境承载力的测算结果进行讨论。

9.1 引言

承载力概念在可持续发展内涵拓展与深化研究中，逐渐发展完善并最终演变为资源环境承载力。[91~94] 一般认为，资源环境承载力是从分类到综合的资源承载力与环境承载力（容量）的统称。[95] 随着认识的深入，资源环境承载力被认为是对资源承载力、环境容量、生态承载力等概念与内涵的集成表达。[96] 封志明认为，资源环境承载力是承载力、生态承载力、资源（土地和水）承载力与环境承载力（或环境容量）的延伸与发展。[97] 因此，资源环境承载力是一个涵盖资源和环境要素的综合承载力概念已成共识。资源环境承载力研究的是特定时空范围内资源环境基础的"最大负荷"问题。因此，资源环境承载力的综合性与限制性是其最大的特点。首先，综合性体现于资源环境承载力研究的综合评价、监测与预警，既涉及对区域资源环境本底的基础评价（如人居环境适宜性要素评价与综合评价），又涉及资源承载力要素评价（如土地资源承载力、矿产资源承载力、水资源承载力等），环境承载力要素评价（如大气环境承载力、水环境承载力、土壤环境承载力等）等分类评价，还包括基于单要素承载力的综合加权平均或系统动力学分析，即综合承载力。其次，限制性体现在其短板效应。即在资源环境承载力综合评价过程中，需要重视资源环境本底与要素的最大限制因子。诸多学者认为，资源环境承载力指标体系应分为自然资源支持力、环境生产支持力和社会经济技术水平 3 类指标。[98～100]将资源、环境与社会经济视为"资源－环境－社会－经济"复合系统进行研究。

从资源环境承载力的概念来看，UNESCO 提出并已被广泛接受的资源承载力定义：一个国家或地区的资源承载力是指在可以预见的期间内，利用本地能源及其他自然资源和智力、技术等条件，在保证符合其社会文化准则的物质生活水平下，该国家或地区所能持续供养的人口数量。[101]高吉喜提出的生态承载力概念，同样反映了区域资源环境综合承载力，以保持生态系统完整性为目的，他认为生态承载力是指生态系统的自我维持、自我调节能力，资源与环境子系统的共容能力及其可维持的社会经济活动强度和具有一定生活水平的人口数量。[102]该概念不仅强调了特定生态系统所提供的资源和环境对人类社会系统的支持能力，涵盖了资源与生态环境的共容、持续承载和时空变化，而且考虑了人类价值的选择、社会目标和反馈影响。[103]笔者认为，该处生态承载力的概念是广义的概念，可以等同于资源环境承载力，区别于狭义的生态承载力认为的特定栖息地所能最大限度承载某个物种的最大种群数量。也有学者认为生态承载力包括资源承载力和环境承载力两类，然而，生态系统中资源与环境的区分并不是绝对的，单纯基于资源供给或环境纳污的生态承载力研究均是不完整的。[104] 但是值得注意的是，对资源环境承载力的综合精细量化仍然存在难度，一方面，微观尺度数据获取困难；另一方面，计量方法的适宜性还需进一步考察。限于目前的科学水平，承载主体能够承受的人类影响和压力的阈值标准必定不是一个客观、科学的精确数值，而只能根据管理目标、价值观念、科技能力等因素来主观确定。本书所述的资源环境承载力均指在自然生态环境不受危害并维系良好的生态系统前提下，一定地域空间的资源禀赋和环境容量所能承载的人口与经济规模。[95, 105]

当前资源环境承载力评估方法主要包括：考虑生态系统供给和人类消费关系的生态足迹法[106]、净初级生产力法（NPP）[107]、供需平衡法[108]；体现多要素综合分析的综合指标评价法，包括单因素评价法、指标体系法[109]和状态空间法[110]；体现系统整体性的系统模型法[111]，如模糊目标规划模型、系统动力学模型、空间决策支持系统等。这些承载力方法极大地推动了资源环境承载力研究的定量化与模式化[112]。

生态足迹法从土地利用出发，通过收集社会经济发展数据，建立计算模型。其科学完善的理论基础、精简统一的度量指标、评价方法的普适性得到了国内外学者的深入探讨和广泛应用。引入生态足迹的概念也在一定程度上弥补了单因子承载力研究的缺陷。[113] 该方法中，生态足迹供给是根据特定区域土地利用状况和土地生态生产力等相关数据计算决定的衍生数据，与特定区域的自然资源禀赋、土地利用的空间分布密切相关，具有明确的空间关联和空间变异的地理特性，这为分析生态承载供给并进行空间格局分析奠定了理论基础。[114, 115] 生态足迹法通过提出生物生产性土地面积的概念，对各种人类消费和自然资源进行标准化处理，有效表达了支持人类生活所必需的自然资源和土地面积的有限性。该方法的可操作性和可重复性较强，可对结果进行横向和纵向对比[116]，是一种可靠的政策制定辅助工具。

传统的生态足迹法多采取土地利用的统计数据，由于数据更新的实效性及统计口径的差异性，其计算结果在揭示区域承载能力的空间格局方面存在不足。随着近年来地学相关技术的发展，遥感技术为区域生态承载力评价提供数据源、建模基础、技术支持和展示平台，极大地推动了资源环境承载力的评价研究。[117]遥感技术的快速发展使其成为生态学研究中空间数据获取和空间问题分析的有效手段，遥感技术已在城市生态安全、人居环境、生态风险评价、生态承载力评价等方面得到较多应用。[118]遥感技术的快速发展使其成为生态学研究中空间数据获取和空间问题分析的有效手段。近年来，遥感结合 GIS 技术和生态足迹法应用于承载力的评价研究中取得了一定的成果[119～121]，比如岳东霞等基于生态足迹法，利用 GIS 空间分析技术，从图斑、县、省三级不同空间尺度对西北地区的生态承载力进行了分析[115]；林聪等结合遥感产品，利用基于格网的生态足迹法对长江三角洲核心区城市群进行了空间格局分析[122]；张晓彤等基于 MODIS 数据对中亚地区的生态承载力进行评价[123]；任保卫以三沙湾无居民海岛为例，构建了资源环境承载能力监测与预警的评价指标体系，并进行了评价分析[124]。利用生态足迹进行承载力空间分布或时空格局的研究多从国家、省市等宏观区域尺度作为评价单元，且大多受限于行政区划[125]。

本章基于遥感技术获取土地利用类型分布，利用生态足迹的基本理论和方法，以厦门市域为研究区域，基于土地利用斑块单元尺度对厦门市的资源环境承载力供需指标进行计算和空间分析，以期定量化、空间化地表达该地区的资源环境承载力状况，实现区域资源环境承载力的空间测度与格局分析，并借助街镇单元的人口数据参考，分别从斑块单元和街镇单元两个小尺度层面提出相应的国土空间优化策略。

9.2　应用背景

中国共产党第十八次全国代表大会将优化国土空间开发格局提升为生态文明建设的首要任务[126]，资源环境承载力作为推进生态文明建设的重要基础性内容，其合理测算与空间格局特征为优化国土空间的开发与利用提供了科学基础和可靠依据。中国共产党第十九次全国代表大会报告中进一步指出，加快生态文明体制改革，建设美丽中国，设立国有自然资源资产管理和自然生态监管机构，统一行使所有国土空间用途管制和生态保护修复职责，构建国土空间开发保护制度。2018 年 3 月，中华人民共和国自然资源部成立，负责建立空间规划体系并监督实施。2018 年 5 月，全国生态环境保护大会指出，建立统一的空间规划体系和协调有序的国土开发保护格局。2018 年 6 月，习近平总书记在中共中央政治局第六次集体学习时强调，"国土是生态文明建设的空间载体，要按照人口资源环境相均衡、经济社会生态效益相统一的原则，整体谋划国土空间开发，科学布局生产空间、生活空间、生态空间，给自然留下更多修复空间"。优化国土空间布局是落实生态文明的重要举措，资源环境承载力是优化国土空间开发格局不可或缺的重要依据。[127]

9.3　数据源

数据源主要包括遥感影像数据、生物资源产量数据、能源消费量数据、均衡因子、产量因子、常住人口统计数据及基础地理矢量数据等。其中，遥感影像为 Landsat8 OLI 数据，拍摄时间为 2018 年 3 月 11 日，影像级别为 L1T，空间分辨率为 30 m，数据下载于地理空间数据云网站（http：//

www.gscloud.cn/）；生物资源产量数据与能源消费量数据来自《2018 年厦门经济特区年鉴》，生物资源项目包含农产品、动物产品、林产品和水产品等，能源消费项目包括原煤、焦炭和汽油等，各类农作物、水产的世界单产数据来源于联合国粮食及农业组织（Food and Agriculture Organization， FAO）的网站（http：//www.fao.org/）；均衡因子和产量因子取值采用全球足迹网络网站（https：//www.footprintnetwork.org）的数据；常住人口数据和矢量边界数据均来自厦门市城市规划设计研究院，其中街镇单元数据包括下辖街道、镇、农场、水库等共 49 个空间单元。

9.4　研究方法

9.4.1　监督分类

本章采用监督分类结合目视解译对研究区的遥感影像数据进行土地利用分类，从而获得实际的生物生产性土地面积。首先，对 2018 年 Landsat8 OLI 遥感影像进行坐标转换、几何校正、裁剪等预处理步骤，得到研究区的遥感影像；其次，参照生态足迹模型的生物生产土地分类，并采用中国科学院资源环境科学数据中心的分类标准，将土地利用数据划分为 6 种主要类型：耕地、草地、林地、建设用地、水域和未利用地。其中，未利用地是人类应该留出用于 CO_2 吸收的土地，但在实际操作中人们并未留出该类土地，因此该类土地仅在生态足迹的需求计算中考虑，未利用土地仅在生态足迹供给计算中考虑。然后开展遥感影像监督分类，并结合国土土地利用数据进行人机交互解译，获得厦门市土地利用类型图，同时建立属性数据库。通过谷歌地球高分辨率卫星影像选择真实样本进行抽样验证，土地利用数据分类总体精度可达 90% 以上。

9.4.2 生态足迹法

20 世纪 90 年代，Rees[128] 提出生态足迹法，并与 Wackernagel[129, 130] 一同完善了该方法，指出特定区域的生态足迹供给是指该区域在一定时期内（通常为 1 年）实际生产人类所需的生物资源和吸纳人类废弃物的所有可用生物生产土地和水域面积的总和，亦视为生态系统的承载力阈值，体现了自然资源的可再生能力，是人类赖以生存的物质基础。生态足迹法的核心思想是通过比较一个地区的生态足迹需求和供给的差距，来判断该地区可持续发展的状况。可以说，生态足迹法不仅反映了人类对地球环境的影响和压力，揭示了地球系统对人类的承载能力，同时体现了地球生态环境的可持续发展机制。生态足迹法将"公顷（ha）"这一土地面积单位转换成基于全球平均生产力的生物生产土地面积单位［简称全球公顷（gha）］，并利用这一均衡后的生物物理指标定量地显示区域资源环境承载力，实现了不同地区、不同类型土地资源环境承载力的可加性和可比性，这一理论为研究不同类型土地资源环境承载力的转换机制提供了理论基础。

1. 生物生产性土地

生物生产即生态生产，指生态系统中的生物从外界环境吸收维持其生命循环所需的物质及能量，并转变为新物质，从而完成物质和能量的积聚，是自然资源生产自然收入的根本。在生态足迹测算时，各类资源与能源消费项目均折算为耕地、林地、草地、建设用地、水域和未利用地 6 种类型的生物生产性土地，未利用土地被认为是生物生产力为 0 的土地类型。[131]

2. 均衡因子与产量因子

由于这 6 种土地类型的生态生产力存在差异，若将这些具备不同生态生产力的面积转变为具备同一生态生产力的面积，需要在各类生物生产面积之前乘以一个均衡因子，即权重，来转为统一的和可比的生物生产面积。均衡因子是全球某种生物生产土地类型的平均生态生产力与全球各种生物生产性土地的平均生产力的比值。处理之后的面积就是具备全球平均生态生产力且能够求和的世界平均生物生产面积。[132] 由于同种生物生产性土地的生产力在不同地区和国家不尽相同，因此不同地区和国家的同种生物生产能力不能直接进行比较。产量因子为一个地区或国家的特定土地的平均生产力与世界同类土地的平均生产力的比值。将每种生物生产性土地面积乘以产量因子，即可转变为世界平均生态生产水平的生物生产土地面积。产量因子不但是地区的管理水平和技术在各类土地生产上的综合反映，也是温度、气候、土壤、降雨等自然条件综合影响的结果，所以每一个国家的产量因子在每一年不尽相同。未利用地因生产力极低，其产量因子和均衡因子均赋值为 0，均衡因子与产量因子数值见表 9-1。

表9-1　均衡因子与产量因子数值

类型	耕地	林地	草地	建设用地	水域	未利用地
均衡因子	2.52	1.29	0.46	2.52	0.37	0
产量因子	2.18	1.18	0.81	2.18	1.27	0

3. 生态足迹计算方法

资源环境的承载能力是自然系统调节能力的真实表现，是在生态系统构造、功能不受影响的前提下，生态系统对外界干预（尤其是人类活动干预）的承受能力。本章资源环境承载力的计算采用生态足迹方法中生态承载供给模型，公式为：

$$\text{EF} = N \cdot \text{ef} = N \sum r_j \cdot a_i = N \sum r_j \sum \left(\frac{C_i}{Y_i} \right)$$

式中，EF 是总生态足迹；ef 是人均生态足迹；N 是人口数；i 是消费项目类别；j 是生物生产面积的类别；r_j 是不同类别的均衡因子；a_i 是 i 种消费项目所代表土地类型均衡前人均生态足迹分量；C_i 是 i 种消费项目年人均消费量；Y_i 是第 i 种消费项目全球年平均产量。

4.生态承载力计算方法

资源环境的承载能力是自然系统调节能力的真实表现，是在生态系统构造、功能不受影响的前提下，生态系统对外界干预（尤其是人类活动干预）的承受能力。本章资源环境承载力的计算采用生态足迹方法中生态承载供给模型，公式为：

$$EC = N \cdot ec = N \sum (a_j \cdot r_j \cdot y_j)$$

式中，EC 是总生态承载力；ec 是人均生态承载力；a_j 是人均实际占有的第 j 类生物生产性土地面积；r_j 是均衡因子；y_j 是产量因子。

生态承载力的测算，依据世界环境与发展委员会（WCED）的《我们共同的未来》号召的，预留 12% 的生物生产土地面积来保护生物多样性（保护地球其余 3000 万个物种），所以计算生态承载力还需扣除 12% 的面积。[141]

资源环境承载力是从供给角度出发计算的自然生态系统所能供给的生物生产土地面积。生态足迹是从需求角度出发计算的人类利用自然资源满足一定人口的消费活动所需的生物生产土地面积。生态赤字 / 盈余是综合考虑需求与供给水平，通过判断供给是否满足需求来判断一个区域的资源利用模式是否是可持续的，生态系统是否处于超负荷状态。公式为：

$$ED=EC-EF$$

如果 ED<0，那么生态赤字表明该区域生态系统的发展是不可持续的；反之则表示生态盈余，表明该区域生态系统的发展是可持续的。

9.5　结果与讨论

9.5.1　资源环境承载力空间格局

从图 9-1 厦门市生态系统的 6 种土地利用类型的分布格局来看，建设用地占据了厦门市大面积土地，占行政区总面积的一半以上，而且分布广泛，主要分布于厦门岛、海沧区南部与东北部、集美区、同安区南部，在岛外基本呈现沿海分布的"马鞍形"，体现了厦门港口城市的湾区特征。

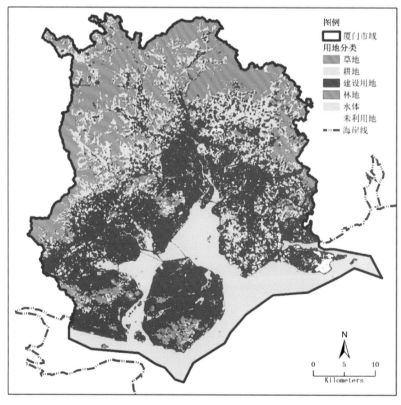

图 9-1　厦门市土地利用类型的分布格局

林地与耕地生态系统面积次之，林地主要分布于厦门北部山区，以同安区北部为主；耕地多零散分布于建设用地与林地之间，主要分布在翔安区和同安区东侧。厦门为沿海城市，水域生态系统分布特征明显，主要为围绕厦门岛的海域，以及多处水库、湖泊等。未利用土地分布零散，呈斑块状，多分布于翔安区。

利用足迹供给模型计算厦门地区资源环境承载力供给及相关指标，结果见表 9-2。厦门资源环境承载力总供给为 689239.66 gha，人均资源环境承载力为 0.172 gha/cap，表示生态系统可以为每人提供 0.172 ha 的生物生产土地面积。其中，水域人均资源环境承载力占据的比重最大，说明水域生态系统在厦门市的资源环境承载力供给中占有重要地位，体现了厦门作为典型的沿海城市的特征。其次为耕地生态系统，同样占据较大比重，说明耕地是资源环境承载力供给的重要生物生产用地。林地的人均资源环境承载力排第三位，比重最小的是草地生态系统，厦门的草地面积也相对较少。其中，需要注意的是，资源环境承载力的单位为"全球公顷"，即"gha"（global hectare），它与土地面积公顷（hectare）不同，1 全球公顷（gha）体现了全球平均生产力水平下 1 公顷土地利用面积；gha/cap 表示全球公顷 / 人。

表9-2　厦门地区资源环境承载力计算结果统计表

土地类型	土地面积（ha）	人均土地面积（ha·人）	均衡因子	产量因子	资源环境承载力（gha）	人均资源环境承载力（gha/cap）
耕地	36779.054	0.009172	2.52	2.18	202049.41	0.050
林地	67335.682	0.016792	1.29	1.18	102498.37	0.026
草地	15.7608	0.000004	0.46	0.81	5.87	0.000
水域	62770.514	0.015653	2.52	2.18	344836.10	0.086
建设用地	84805.063	0.021148	0.37	1.27	39849.90	0.010
未利用地	2002.7304	0.000499	0	0	0.00	0.000
合计	253708.8	0.063269	—	—	689239.66	0.172

　　如图 9-2 所示，厦门市资源环境承载力供给的空间分布不均，整体资源环境承载力分布格局与土地利用类型分布的地理特征具有一定的相似性，具体表现为南部海域的整体资源环境承载力最高，说明海洋生态系统具有较高的稳定性；其次为厦门北部林地，具有较高的资源环境承载力，森林也具有较高的生态稳定性；建设用地和北部的大部分耕地区域具有中等的资源环境承载力；位于城区建设用地内部的林地、水域，以及翔安区、同安区南部的耕地区域，具有相对较低的资源环境承载力，说明受到城市建成环境人类活动的影响，原本具有较高生态调节能力的林地和水体的资源

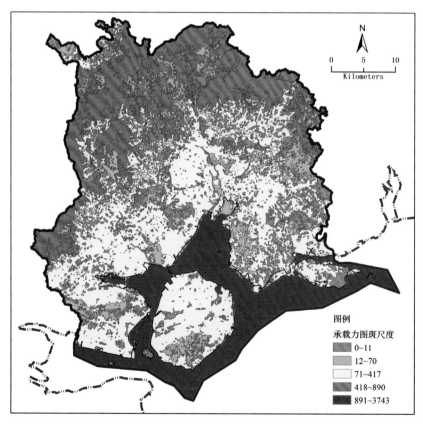

图 9-2　厦门市资源环境承载力供给空间分布

环境承载力降低；厦门岛内部分林地和筼筜湖、湖边水库，岛外同安区中北部的部分林地、耕地和翔安区东南部耕地、未利用地，以及鼓浪屿等周边岛屿具有最低的资源环境承载力，体现该类型地类环境的生态脆弱性。

9.5.2 区域生态足迹

表 9-3 所示为 2017 年生物资源消费账户。能源消费转变为化石燃料生产地面积时，使用世界上单位化石燃料生产土地面积的平均发热量为标准，将当地能源所消耗的热量折算成一定的化石燃料土地面积，得到表 9-4 所示能源消费账户。依据生态足迹测算方法，测算厦门市生态足迹的需求结果，见表 9-5。

计算得到厦门总生态足迹 6238385.07 gha，人均生态足迹面积为 1.555 gha/cap，即厦门市每人需要 1.555 ha 的土地面积进行生产。从生态足迹构成来看，水域、未利用地所占比重最大，分别占总需求量的 61.90% 和 30.21%，草地、耕地、建设用地、林地生态足迹占比较小，说明厦门对水域生态系统的需求量大，体现了沿海城市水产品消费占重要地位以及对海洋生产的依赖性。人口对化石燃料用地的需求次之，而对草地、耕地、建设用地的需求不高。

表9-3　2017年生物资源消费账户

生物资源账户		全球平均产量（kg／ha）	生物量（t）	生产土地类型
农产品	谷类	2744	19759	耕地
	豆类	1856	462	耕地
	薯类	12607	15051	耕地
	油料	1856	7113	耕地
	蔬菜	18000	522918	耕地
	糖类	4893	1396	耕地

续表

生物资源账户		全球平均产量 （kg / ha）	生物量（t）	生产土地类型
林产品	油菜籽	1600	8	林地
	水果	3500	15975	林地
	木材	1.99	28599	林地
动物产品	猪肉	74	42322	草地
	牛肉	33	779	草地
	羊肉	33	88	草地
	禽蛋	400	4111	草地
	奶类	502	792	草地
水产品	各类水产品	29	44402	水域

注：木材消费量单位为 m³，木材全球平均产量单位为 m³/ha。

表9-4　2017年能源消费账户

能源账户	全球平均能源足迹 （GJ/ha）	折算系数 （GJ / t）	消费量	生产土地类型
原煤	55	20.93	3307536 t	未利用地
天然气	93	38.98	34575×10^4 m³	未利用地
汽油	93	43.12	16886 t	未利用地
柴油	93	42.71	37549 t	未利用地
燃料油	71	50.20	8465 t	未利用地
热力	1000	29.34	6028800×10^6 kJ	建设用地
电力	1000	11.84	981390×10^4 kW·h	建设用地

注：天然气消费量单位为万立方米，天然气密度为 0.7174 kg/m³；热力消费量单位为百万千焦；电力消费量单位为万千瓦时，1kW·h=3600000 J。

表9-5　生态足迹需求结果统计表

土地类型	均衡前生态足迹（ha）	均衡前人均生态足迹（ha·人）	均衡因子	总生态足迹（gha）	人均生态足迹（gha/cap）
耕地	41812.33	0.010	2.52	105367.07	0.025
林地	33168.29	0.008	1.29	42787.09	0.010
草地	610046.84	0.152	0.46	280621.55	0.070
水域	1531103.45	0.382	2.52	3858380.69	0.963
建设用地	188504.65	0.047	0.37	69746.72	0.017
未利用地	1393690.33	0.348	1.35	1881481.95	0.470
合计	3798325.89	0.947	—	6238385.07	1.555

9.5.3　供需平衡分析

当前厦门市生态足迹总供给为689239.66 gha，总需求为6238385.07 gha，供给远小于需求量，ED<0，生态预算为赤字，说明2017年厦门地区总人口对自然资产的消耗已经超出了生态系统承载能力的阈值，在不考虑相关消费品输出与输入的情况下，该地区资源利用模式处于不可持续发展状态。如图9-3所示，从各单项生产性土地提供的供给（人均资源环境承载力）和需求（人均生态足迹）情况分析，生物生产性土地类型中的耕地和林地的资源环境承载力均大于生态足迹，保持生态盈余，说明当前厦门耕地面积在不考虑粮食输出与输入的情况下能够满足本地人口的消费需求。厦门森林覆盖率达40%以上，反映了厦门在积极创建国家森林城市的生态保护中取得的实质性成效。其他类型的生物生产性土地，如草地、水域和建设用地，均处于供小于求的生态赤字状态。其中，水域的生态赤字最大，且远远高于草地与建设用地，一方面反映了对辖区内水域的过度开发利用；另一方面，由于海洋具有开放性，因此代表水域生物资源消费的各类水产品的生产不一定来自厦门辖区内的海域，但水域的生态安全需得到

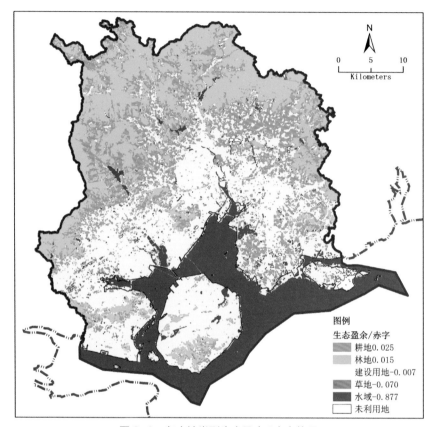

图 9-3　各土地类型生态盈余 / 赤字状况

格外关注。建设用地处于生态赤字状态，反映了厦门近年来的城镇化快速
发展给生态环境造成的压力。

9.5.4　国土空间优化策略

1. 斑块单元国土质量提升

依据厦门资源环境承载力在斑块单元呈现的空间分异特征，提出有针
对性的国土空间格局优化策略（图 9-4）。厦门岛周边的海岛均呈现了最
低的资源环境承载力，以鼓浪屿为代表的文化遗产景观以及其他生态岛屿

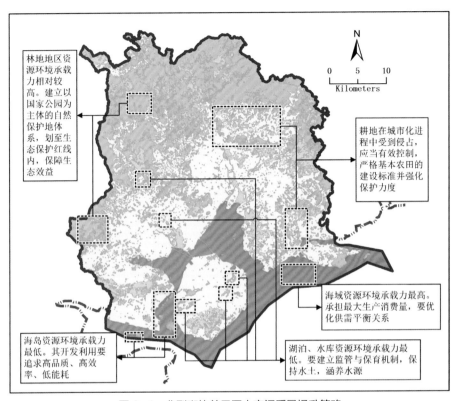

林地地区资源环境承载力相对较高。建立以国家公园为主体的自然保护地体系，划至生态保护红线内，保障生态效益

耕地在城市化进程中受到侵占，应当有效控制，严格基本农田的建设标准并强化保护力度

海域资源环境承载力最高。承担最大生产消费量，要优化供需平衡关系

海岛资源环境承载力最低。其开发利用要追求高品质、高效率、低能耗

湖泊、水库资源环境承载力最低。要建立监管与保育机制，保持水土，涵养水源

N

0　5　10
Kilometers

图 9-4　典型斑块单元国土空间质量提升策略

需要得到格外重视与保护，对其开发利用应当追求高品质、高效率、低能耗，最大限度地减小单位经济产生的环境压力。同样，研究区内湖泊和水库资源环境承载力最低，多为重要的饮用水源地，必须严格控制该类水域及周边的生产建设活动，同时建立一定的管制与保育机制，保持水土、涵养水源，全面提升生态质量。资源环境承载力相对较高的林地地区，主要经济活动以农场经营生产与以天竺山森林公园和莲花国家森林公园为代表的旅游活动为主，党的十九大报告明确指出，要建立以国家公园为主体的自然保护地体系，作为重要的生态功能区，要将主体林地划定在生态保护红线内，保障生态效益。厦门海域提供了最高的资源环境承载能力，同时

承担了最大的生产消费量，需要进一步优化供给与消费之间的平衡关系。

耕地生态系统往往在城市化进程中不断被侵占，造成耕地的严重流失，而且从土地自身属性看来，耕地资源环境承载力绝对值较大，对整体承载力的贡献大，厦门市北部和东部集中分布耕地生态系统，是提高整体资源环境承载力的重点潜力区域。因此，控制城镇建设对耕地生态系统的侵占是有效提高耕地资源环境承载力供给的主要手段，基本农田的建设标准要严格并强化保护力度，原则上城乡建设区以外的所有农田和耕地，都应当得到最大限度的保护。

国土空间规划必须根据资源环境承载力来调节区域内资源开发的强度和环境治理的广度与深度，要求规划内容与承载力相契合、相适应。斑块单元的国土质量提升策略打破了行政区划的壁垒，避免了资源环境自然分区的机械割裂，有助于实现区域的均衡协调发展。

2. 街镇单元人口调控

按厦门市街镇单元分别计算其资源环境承载力，借助各街道的人口分布数据，通过比较各街道现在常住人口数量和资源环境承载力，有针对性地对厦门各街镇尺度的承载压力状况进行判别。理论上讲，资源环境承载力与人口数量有直接的关系，对一些人口数量多且资源环境承载力低的地区，应当优先进行调控。"十二五"规划纲要提出对人口密集、开发强度偏高、资源环境负荷过重的部分城市化地区要优化开发，对资源环境承载能力较强、集聚人口和经济条件较好的城市化地区要重点开发。因此，本章将资源环境承载力低于均值，同时人口数量高于均值的街镇选作优先调控单元，通过制定适合的政策引导其进行科学有序的人口疏解，缓解区域承载压力。

由图9-5分析可知，思明区与湖里区资源环境承载力普遍较低。其中，思明区嘉莲街道、开元街道、莲前街道和筼筜街道，以及湖里区全域均处

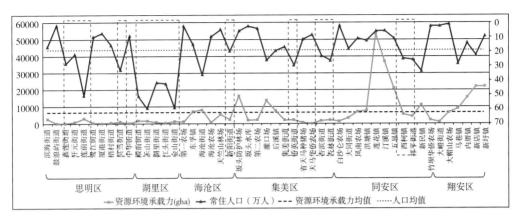

图9-5　各街镇资源环境承载力与常住人口数

于高人口数量、低资源环境承载力的状态，基本反映了厦门岛内作为主要生产生活场所的高密度人居现象。岛外仅有海沧区新阳街道，集美区侨英街道、杏滨街道、杏林街道，同安区西柯镇和祥平街道人口较多，且资源环境承载力较低，这些区域均为主要的城镇人口聚居区。因此，要统筹人口分布、经济布局、国土利用，引导人口和经济向适宜开发的区域集聚。进一步实现跨岛发展，通过各类产业、货运港口、行政中心向岛外的逐步迁移，带动人口向岛外各区域流动，缓解厦门岛的资源环境承载压力。依据各街镇发展的不同阶段，根据城市的结构、功能状况及驱动因素，采取相应的措施来调整各街镇经济发展活动的方式、强度和速度，以引导区域人口的流动。

如图9-6所示，可按照资源环境承载力和常住人口的数量与其各自均值的关系，将厦门各街道划分为4类区域。针对不同情况，可将资源环境承载力低且人口数量高的区域定义为优先提升区，对该类区域进行优先提升，科学有序地疏解人口，缓解承载压力；将资源环境承载力高且人口数也高、资源环境承载力低且人口数也低的区域定义为优化引导区，进一步优化现有人口规模，合理引导布局；将资源环境承载力高且人口数量少的

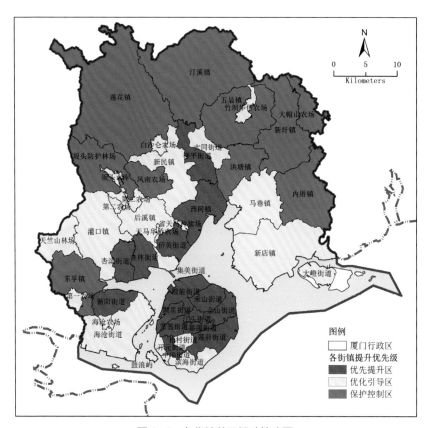

图 9-6　各街镇单元提升策略图

区域定义为保护控制区，该类区域面临的生态压力相对较小，且多位于北部林地、耕地集中区，应当更强调其生态保护价值。人口规模的承载往往精细化程度高，涉及单元尺度小，政策操作性强，依据资源环境承载力评价结果对地区人口数量进行有机疏散，将人口与承载能力相匹配，有助于促进人地关系的协调发展。

第十章

DMSP/OLS 城市活力分析

本章以 DMSP/OLS 夜光影像为数据源，将对夜光数据的分析方法进行介绍，并对福建省，特别是厦门市城市活力的测算结果进行讨论。

10.1 引言

随着人类活动的增加和现代科技的繁荣，各种夜间照明设施的使用和普及越来越广泛，特别是在人类聚集的城镇地区，从太空中可以观测到密集的亮点，它们可能来自居民用电、交通灯或者各种城市灯光装饰等；夜光遥感正是以这些亮点为主要观测对象。[133] 除此以外，夜间作业的渔船灯光、油气田燃烧、火山和森林火灾等也会被夜光卫星观测记录。

作为遥感技术中非常特别的一种类型，夜光遥感主要以卫星平台搭载高灵敏度的夜光敏感传感器，在夜间从空中对地面进行成像。由于夜间工作有效避开了太阳光的影响，夜光卫星所接收到的光亮主要来自地面的灯光或火点。同时，由于地面灯光相对较弱，为保证远离地面的卫星可以观测到清晰的夜光影像，夜光卫星必须具有足够的灵敏度。夜光遥感的传感器通常设计为从可见光到近红外的全色波段，当有云层出现时，其探测效果将大打折扣。

目前，夜光遥感数据主要来自美国国防气象卫星计划（Defense Meteorological Satellite Program，DMSP）搭载的可见光成像线性扫描业务系统（Operational Linescan System，OLS）传感器、美国国家极轨卫星（Suomi National Polar-orbiting Partnership or Suomi，NPP）搭载的可见光近红外成像辐射（Visible Infrared Imaging Radiometer Suite，VIIRS）传感器和 2018 年武汉大学最新发射的"珞珈一号"卫星。

20 世纪 60 年代以来，美国多个 DMSP 卫星陆续升空，每颗卫星每天绕地球 14 轨，其携带的 OLS 传感器具有专门设计的高增益，这样不仅可以在白天工作，还能够观测夜间月光照射下的云。后来发现，OLS 传感器还能监测到夜间地面无云区的灯光、火光分布情况，因而可用于夜光遥感，是世界上最早的具有夜光遥感能力的卫星。DMSP 通常保持几颗卫星同时在轨，提供了自 1992—2013 年全球最长时间序列的夜光遥感数据，因此，目前国内外夜光遥感的大多数研究是基于 DMSP/OLS 进行的。图 10-1 给出了 2013 年 DMSP/OLS F18 卫星稳定平均全球夜间灯光分布，从图中可以明显看到全球主要经济较为发达或人口众多的地区，如欧洲、北美南部、东亚和南亚等，而非洲和南美大部、俄罗斯东部明显偏暗，特别是韩国与朝鲜、美国及加拿大南部靠近美国的地区与加拿大北部、中国东部与西部及中亚等邻近区域呈现出非常强烈的亮暗对比。图中亮度较高且延展范围较大的斑块，对应的是全球几大超级城市，如纽约、东京、伦敦、巴黎、中国上海和香港等。海洋和乡村地区大多较暗，中小城市和较为发达的乡镇依据其人口规模和经济状况等，在夜光遥感图像中呈零散分布状况。

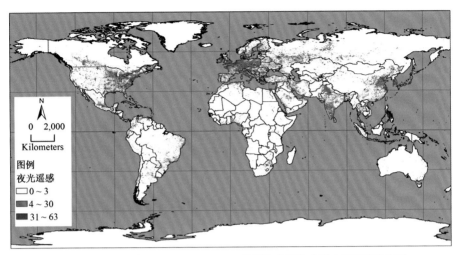

图 10-1 2013 年 DMSP/OLS F18 卫星稳定平均全球夜间灯光分布图

2011 年 10 月 28 日，美国 Suomi NPP 卫星成功发射，搭载有包括 VIIRS 传感器在内的 5 个科学仪器。VIIRS 传感器主要用于监测陆地、大气、海洋和冰在可见光和近红外波段上的辐射变化，一共包含有 22 个波段，其中可见光和近红外波段有 9 个，中红外和远红外波段有 12 个。除此之外，还有一个专门的 DNB（Day/Night Band）波段。VIIRS/DNB 波段继承并优化了 DMSP/OLS 传感器的微光成像能力，其成像幅宽约为 3000 km，空间分辨率为 750 m。与 DMSP/OLS 相比，VIIRS/DNB 在夜光观测方面具有更小的瞬时视场、更多的灰度级和更高的空间分辨率[134]，对微弱灯光的灵敏度也更高。

2018 年 6 月 2 日，全球首颗专业夜光遥感卫星——"珞珈一号" 01 星在中国酒泉卫星发射中心搭乘长征二号丁运载火箭发射成功。"珞珈一号" 01 星由武汉大学牵头相关机构合作研制，是一颗 6U 的立方星，总质量约 22 kg，搭载了一套高灵敏度夜光相机，其地面成像分辨率约为 130 m，夜间甚至能看清长江上亮灯的大桥，在理想条件下只需要 15 天即可绘制出一套新的全球夜光影像，可以"提供我国及全球 GDP 指数、碳排放指数、城市住房空置率指数等专题产品，动态监测中国和全球宏观经济运行情况，为政府决策提供客观依据"[135]。武汉大学后续还将发射多颗小卫星，包括"珞珈一号"01 星的备份星、02 星和 03 星等。01 星系列侧重夜光遥感技术与应用，02 星侧重 SAR 成像技术，03 星将增加视频成像功能。与 DMSP/OLS 和 VIIRS/DNB 相比，"珞珈一号"01 星的空间分辨率得到了显著提高，图 10-2、图 10-3 给出了不同时间段厦门地区"珞珈一号"01 星的夜光遥感图像。

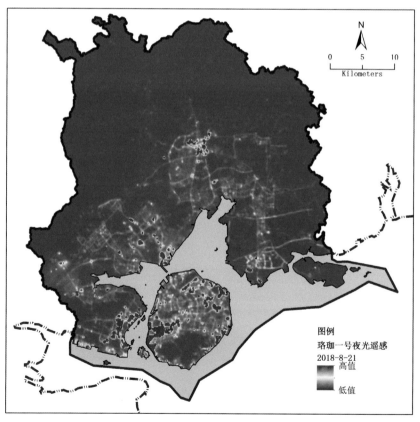

图 10-2 厦门"珞珈一号"01 星夜光遥感图像（2018 年 8 月 21 日晚）

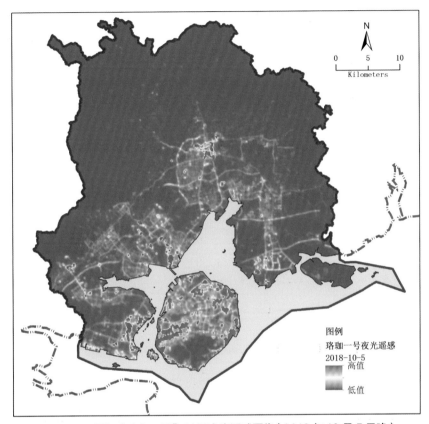

图 10-3　厦门"珞珈一号"01 星夜光遥感图像（2018 年 10 月 5 日晚）

通过图像直接比较法将两个时段归一化后的辐射校正亮度值进行差值运算，然后将差值数据进行阈值分类，以 ±0.2 为分类阈值，计算结果大于或等于 0.2、小于或等于 1 的像元为灯光增加区域；小于 0.2、大于 −0.2 的像元视为无变化区域；小于或等于 −0.2 大于 −1 的视为灯光减少区域。

$$\begin{cases} \text{Increase,} & 1 \geqslant L' \geqslant 0.2 \\ \text{No Change,} & 0.2 > L' > -0.2 \\ \text{Decrease,} & -1 \leqslant L' \leqslant -0.2 \end{cases}$$

如图 10-4 所示，分析 8 月与 10 月厦门夜光遥感图像变化可以看出，夜间灯光减少面积大于夜间灯光增加面积，统计夜间灯光亮度值减少像元为

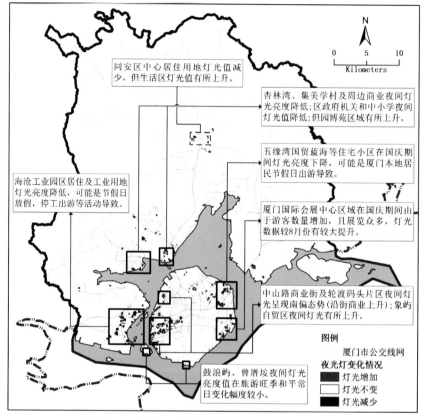

图 10-4　厦门国庆节期间和平常日夜光遥感变化图

817 个，面积为 13.8 km²，夜间灯光亮度值增长像元为 452 个，即 7.6 km²。其中海沧、五缘湾及中山路片区的居住小区亮度值大幅降低，表明国庆假日期间，厦门市整体呈现出游居民出行人数大于接待外来游客人数。同时，厦门市岛内外夜间灯光亮度值呈现明显差异，岛外夜间灯光亮度值以减少为主。海沧工业区、以及集美学村片区灯光亮度值减少，表明国庆节期间岛外部分公司停业，居民和学生出游人数较多，游客接待数量较低。岛内呈现增加与减少的灯光亮度值交织格局，其中减少区域主要为位于五缘湾片区的国贸蓝海等住宅区和中山路老城区，增长区域为国际会展中心区、象屿自贸区，以及中山路步行街片区。国际会展中心片区亮度值上升，是由于国庆期间举行了一系列展览活动，吸引了大量观展游客。鼓浪屿的夜间灯光变化较小，原因是自 2017 年 6 月起，鼓浪屿景区日最大承载人流调整为 5 万人，游客数量在节假日和平常日呈现均等状态。通过两时相夜光数据发现，厦门作为旅游型城市，如鼓浪屿、曾厝垵等热门旅游资源的夜间灯光亮度值在旅游旺季和平常日变化幅度较小，表明旅游季节对其影响较弱。

10.2　应用背景

夜光遥感有很多应用，特别是可以用以监测与人类活动紧密的城镇化、经济发展状况、人口密度分布、电力能源分布和灯光污染等[136, 137]，还可以用于发现夜间的渔船活动[134]。

10.2.1　城镇地理空间及变化

2014 年武汉大学通过夜光遥感大数据的研究表明，叙利亚在 2011 年内战前后，城市灯光发生了激烈变化，四年内战导致之前 83% 的夜间灯光消失，大部分城镇处于黑暗中，特别是阿勒颇省夜光减少最多，而这里恰恰是内战最激烈、遭受破坏最严重的地区之一。[138] 这项研究成果引起了国内外的广泛关注，特别是被联合国安理会、美联社、CNN、BBC 和 CCTV 等数百家国际组织和媒体报道和转载，使得夜光遥感的基本概念和应用得到了广泛的认知。

与叙利亚不同，当今世界的大多数地方正经历着快速的城镇化发展，夜间灯光的遥感影像为监测城镇化，特别是其地理空间的扩展变化提供了一种客观而直接的手段。有学者用 1992 年、1996 年和 1998 年三期

DMSP/OLS 夜光影像，研究了 20 世纪 90 年代我国的城市化空间过程[139]；利用夜光影像分析我国的城市体系等级结构和空间格局，利用引力模型分析城市之间的相互作用[140]；以江西省为例，分析 1994—2009 年城镇空间格局的发展变化[141]。

上述城镇地理空间及其变化的研究，首先需要确定一个合适的阈值，以区分城镇和非城镇地区。随着阈值的增大，灯光区域的面积会缩小，不合适的阈值会造成城镇区域提取的不准确。最简单的方法是采用经验的固定阈值，对于 DMSP/OLS 数据，一般认为 DN ≥ 8 的即为城镇；有的采用动态阈值，比如根据灯光与背景的相对比值来确定合适的阈值；还可以结合其他数据，比如 Landsat 可见光影像，通过两者的对比，确定能够反映城镇范围的最佳阈值。

10.2.2　社会经济信息估算

夜光遥感数据反映了人类的社会经济活动，与经济发展水平（GDP）、人口和能源消耗等具有较强的正相关关系，因而可以构建相应的预测反演模型。国内外利用夜光遥感数据反演经济活动主要采用回归方法，选取特定地区某个时间点或某个时间段的夜光数据和 GDP 数据，对二者进行拟合，建立回归关系，再利用这个关系，结合夜光数据对其他时间或地区的 GDP 进行估算。Elvidge 等人利用 DMSP/OLS 影像对美洲多个国家的 GDP 与夜光面积进行分析，发现回归决定系数高达 0.97。[133, 142] 特别是对于一些统计系统发展不甚完善的发展中国家而言，夜光遥感数据可以作为估算 GDP 的重要依据之一，或者用以修正 GDP 的统计结果。

美国早在 20 世纪 70 年代就开始研究夜光影像与人口分布之间的关系，结果表明灯光与人口之间存在明显的线性关系，因而可用以辅助人口普查。[136] 有学者利用 DMSP/OLS 夜光影像提取了 1995 年、2000 年和 2002 年全国各县的灯光平均值，并将其与当年各县的人口密度做线性回归分析，发现夜光影像适合我国东部人口密集、城市化水平较高地区的人口估计。[136, 143]

国内外很多研究也表明，夜光亮度还与电能消耗和碳排放等紧密相关。因此，夜光遥感所展现的像元亮度其实是一个综合性的效果，其中包括了 GDP、人口、能源消耗等与经济发展状况相关的多种因素，甚至城市的灯光工程等。对夜光遥感影像的解译，需要综合考虑上述多种因素，单一要素的回归尽管能反映出一定的相关性，但总是失于偏颇。

10.2.3　渔业与海洋应用

城镇灯光是陆地上夜光的主要来源，而在海洋上夜间的渔船活动则是海洋夜光的主要来源。很多鱼类具有趋光特性，渔民据此在渔船上装载大功率的照明灯，吸引鱼群并进行捕捞，这就是灯光渔业。夜光遥感能发现渔船的灯光，并确认渔船的位置和作业强度，用于分析海洋渔场的时空分布与变化。[144] Kiyofuji 等人基于 DMSP/OLS 得到的鱿钓分布将日本海分为 7 个区域，而这些区域与一些海洋学特征相对应（如位于 40° N 的极地锋面，对马暖流和暖涡等），成为日本鱿鱼迁徙研究的重要途径。[145] Maxwell 等人用夜光遥感数据获得的渔船灯光作为捕捞努力量的指标，发现捕捞努力量和单位捕捞努力量在 1997—1998 年厄尔尼诺期间数量有所下降，之后又有增加。[146] 基于夜光遥感影像的台风监测也引起关注，通过月光反射的夜光影像可以反演台风的低水平环流；Miller 等人认为，基于月光反射下的夜光波段数据在低水平环流、云顶结构及风眼内低云旋涡中比热红外波段数据的细节更好。[147]

10.3　数据源

本章采用的夜光遥感数据源是 DMSP/OLS（Version4）的稳定灯光影像产品，由美国国家海洋与大气管理局（National Oceanic and Atmospheric Administration，NOAA）下属的美国国家地球物理数据中心（National Geophysical Data Center，NGDC）发布。[148] 该数据集包含了从 1992—2013 年共计 22 年，6 颗 DMSP 卫星获取的年度平均无云稳定灯光产品，其中 F10 卫星（1992—1994）、F12（1994—1999）、F14（1997—2003）、F15（2000—2007）、F16（2004—2009）、F18（2010—2013）。这些影像采用 WGS84 坐标，在赤道附近的空间分辨率约为 1km，空间覆盖范围为经度 –180°～180°，纬度 –65°～75°，基本包含了人类活动的大部分地区。该产品排除了月光、野火和油气燃烧等偶然因素的影响，记录的是去除云之后的城市和乡镇地区的稳定灯光数据。该影像像元的 DN 值范围为 0～63，其中 0 表示无灯光，DN 值越大，表示灯光越强。

本章采用了 DMSP/OLS 从 1992—2013 年 6 颗卫星总计 34 幅年度平均稳定灯光影像，每幅影像解压后包含两个文件，分别是 TIFF 格式的图像和 TFW 格式的坐标定义。这些影像数据覆盖了全球大部分地区，但本章主要用到了福建省范围的夜光数据。

10.4　研究方法

本章主要采用 ENVI/IDL 编程的方法进行夜光遥感影像的处理。ENVI（The Environment for Visualizing Images）是美国 Exelis VIS 公司的遥感处理软件。IDL 是一种可以进行二维图像或多维数据分析、处理和可视化的编程语言。IDL 支持多种不同的硬件平台，具有非常丰富的内置数学函数库，可以方便地与 C++ 等其他语言对接，并且具有跨平台的可移植性，在国内外获得了非常广泛的应用。ENVI 是采用 IDL 语言编写的经典软件之一，因此 ENVI 和 IDL 具有天生的契合性，可以使用 IDL 调用 ENVI 的 API 扩展 ENVI 的功能，整合数据处理流程，甚至开发出独立于 ENVI 软件的全新系统。本章使用 ENVI/IDL 对 1992—2013 年福建省 9 个地级市（福州、莆田、泉州、厦门、漳州、龙岩、三明、南平、宁德）[①] 的夜光数据进行分析，主要处理流程和方法如下。

1. 图像截取

读入 1992—2013 年 6 颗 DMPS 卫星的 34 幅年度平均稳定灯光影像，根据 9 个地级市行政区划的边界文件（SHP 格式）进行夜光图像截取。

2. 图像预处理

对同一年同时有 2 颗卫星数据存在的情况，把各市截取到的这两幅图像进行平均。对平均后的数据再进行限幅处理。

$$DN'=\begin{cases} 0, & DN \leqslant 6 \\ DN, & 6 < DN \leqslant 63 \\ 63, & 63 < DN < 255 \\ 255, & 其他 \end{cases}$$

其中，255 表示无效数据点，不参与后续分析计算。

3. 图像定标

由于获取的夜光影像没有经过定标处理，而且获取时间跨度二十多年，来自多颗不同 DMSP 卫星的不同传感器的增益设置和数据获取时间也是不固定的，因此不能直接进行长时间序列的变化分析。这里采用一种基

---

① 平潭综合试验区 2013 年才改由福建省直接管辖，本书主要针对 1992—2013 年进行分析，因此仍把平潭归入福州进行计算。

十时间序列的二阶拟合方法进行定标处理[149]，令 X 为从 1992—2013 的数字序列，Y 为某位置从 1992—2013 各年度的夜光 DN 值，对其进行二阶多项式拟合：

$$Y=a+bX+cX^2$$

把得到的拟合系数（ a， b， c ）代入上式中得到一组新的 DN 值 Y'，用 Y'代替 Y 作为定标后的结果。该方法能消除年际数据之间的噪声起伏和不一致性，使 DMSP/OLS 夜光数据的时间序列分析结果更加准确。

4. 阈值计算

以中间年份 2003 年福建省全境的定标后的夜光图像为基础，采用 OSTU 方法计算最佳分割阈值。OSTU 算法又称最大类间方差法，广泛用于对图像进行二值化分割。记 t 为图像前景与背景的分割阈值，前景的像素数占图像比例为 w_0，平均灰度值为 u_0；背景像素数占图像比例为 w_1，平均灰度为 u_1，那么图像的总平均灰度值为：

$$u = w_0 u_0 + w_1 u_1$$

前景和背景图像的方差为：

$$g = w_0 \left(u_0 - u\right)^2 + w_1 \left(u_1 - u\right)^2 = w_0 w_1 \left(u_0 - u_1\right)\left(u_0 - u_1\right)$$

不断改变分割阈值 t，当图像前景和背景的方差 g 最大时，对应的 t 为该图像二值化的最佳阈值，此时前景和背景的差异最大。

对于福建省 2003 年 DMSP/OLS 定标后的数据，计算得到的最佳阈值是 16。据此我们认为 DN 值大于 16 的区域，对应的是城镇地区；而 DN 值小于 16 的区域，对应的是非城镇地区。

5. 城镇区域提取

对福建省 9 个地级市 1992—2013 年定标后的夜光图像进行分析，计算其平均值，并用阈值 16 进行城镇区域的分割提取，统计城镇区域在全市面积中的占比。

6. 夜间灯光分析

将夜间灯光指数分为 0～10、10～20、20～30、30～40、40～50 及 50～63 阈值范围区间，计算 2003—2013 年以来福建全省夜间灯光指数及灯光指数变化，并统计福建省 9 个地级市及福建全省区域内不同阈值范围区间的面积比例在 1992—2013 年的年际变化。

10.5　结果与讨论

图 10-5 和图 10-6 分别给出了计算得到的 1992—2013 年福建省 9 个地级市 DMSP/OLS 夜光均值，以及利用夜光遥感手段提取到的城镇比例的变化曲线。这两张图反映的变化基本一致，各曲线都呈上升趋势，显示了改革开放 22 年福建省经济社会的快速发展，即人口、GDP 等持续增长。

如图 10-5 和图 10-6 所示，可以把福建省 9 个地级市分为 3 类：一是厦门；二是泉州、莆田、福州和漳州；三是宁德、龙岩、三明和南平。厦门一枝独秀，无论是平均的夜光亮度还是城镇面积比例，都远超其他各市，而且保持了较为强劲的增长态势。厦门是我国四大经济特区之一，是福建省唯一的副省级城市，虽然面积在 9 个市中最小，但总体经济社会发展水平较高，特别是厦门岛内在夜光遥感图像中几乎是一片全亮。泉州、莆田、福州和漳州的夜光亮度和城镇化比例均高于福建全省的平均值，4 个市中泉州最亮，莆田次之，然后是福州，漳州略高于平均值。泉州是福建省第一经济大市，也一直是福建省经济发展最好的地区，所辖晋江、石狮、南安、惠安等地都具备较强的活力。莆田是福建省占地面积第二小的地级市，外出经商人口较多，在全国颇有知名度。福州是福建省的省会，也是第二大市，近年来经济发展较快。从人口和经济实力来看，福州、厦门、泉州和莆田 4 个市是福建省的经济核心地区。与上述 4 个市相比，漳州定位为"田园都市，生态之城""鱼米花果之乡"，基本能够反映福建省发展的平均水平。宁德、龙岩、三明和南平 4 个市的夜光均值和城镇化水平都较为接近，在福建省的 9 个市中处于落后，这里大部分是山区和农田，基本上反映了沿海与山区、非农业与农业之间的巨大差异。

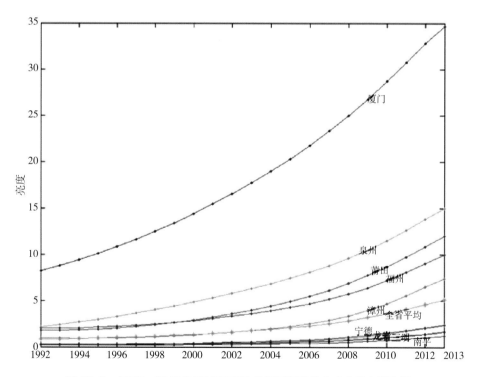

图 10-5　1992—2013 年 DMSP/OLS 卫星福建省 9 个市的夜光均值

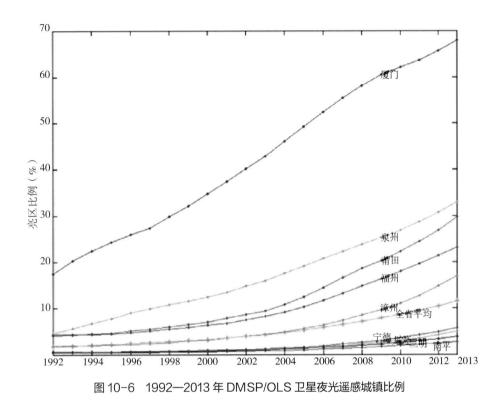

图 10-6　1992—2013 年 DMSP/OLS 卫星夜光遥感城镇比例

　　图 10-7 展示了 1992—2013 年福州、泉州、厦门、莆田、漳州和福建全省区域内夜间灯光指数各分级面积比例的年际变化情况，所反映的变化趋势基本一致，代表城市发展水平最高的 50～63 阈值范围的面积比例，以及发展程度较高的 40～50 阈值范围的面积比例都在逐渐增加，而代表城市发展程度最弱的 0～10 阈值范围的面积比例在逐渐减小，充分显示了 1992—2013 年以来，福州、泉州、厦门、莆田和漳州等市的经济正在快速发展。从增加比例来看，厦门的发展在众多城市中十分突出，代表城市发展程度最高的 50～63 阈值范围的面积比例从 1992 年的 2.4% 增加到 2013 年的 41.6%，发展水平较高的 40～50 阈值范围的面积比例也基本呈现增长趋势；代表城市发展程度最弱的 0～10 阈值范围的面积比例从 1992 年

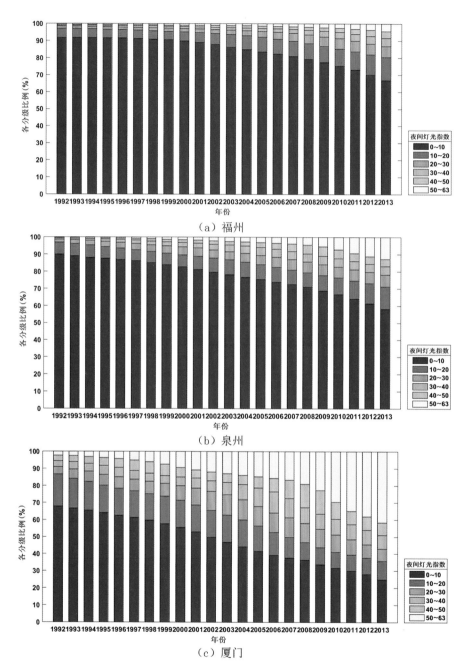

图 10-7　2003—2013 年福建省主要城市及全省夜间灯光指数分级统计

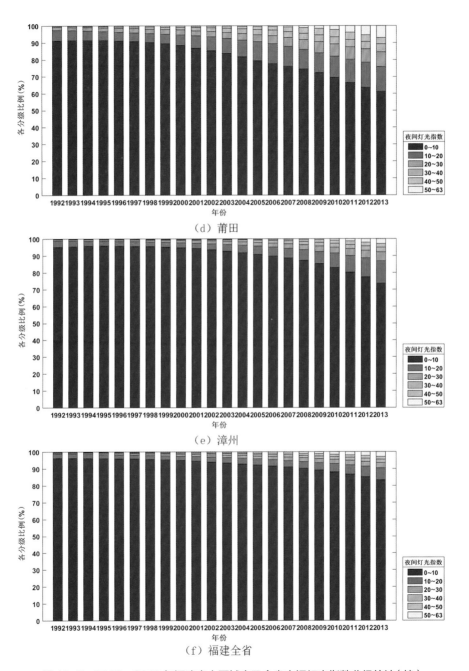

（d）莆田

（e）漳州

（f）福建全省

图10-7 2003—2013年福建省主要城市及全省夜间灯光指数分级统计（续）

的 67.7% 减小到 2013 年的 25%，发展水平较弱的 10～20 阈值范围的面积比例从 1992 年的 19% 减小到 2013 年的 10.8%。整体来看，厦门的经济发展保持了强劲的增长速度。

图 10-8 是 2003 年和 2013 年的福建省夜间灯光指数分布图，以及 2003—2013 年的灯光指数变化图。可见，高灯光值范围主要分布在福建省沿海，集中在漳州、厦门、泉州、莆田和福州等市。其中，厦门、泉州和福州的夜间灯光指数最高；除沿海以外，福建省内的其他高阈值范围区也出现在地级市，主要有龙岩、三明和南平，但是高阈值面积明显小于沿海的地级市。2003—2013 年以来，福建全省的夜间灯光指数变化呈现大范围明显增长的趋势，灯光指数变化最大的为 54，高阈值范围区的扩张主要出现在福建沿海。

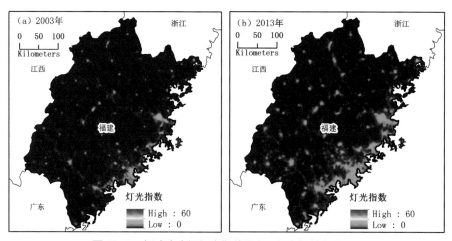

图 10-8　福建省夜间灯光指数分布及灯光指数变化图

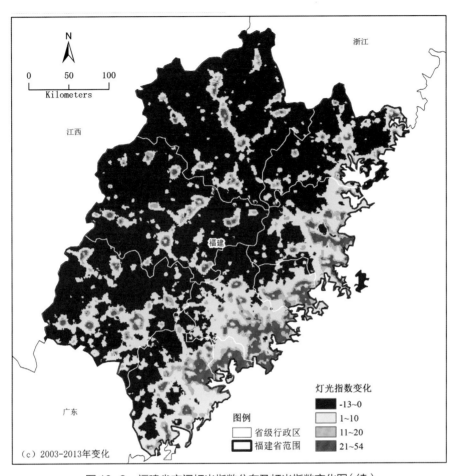

图 10-8　福建省夜间灯光指数分布及灯光指数变化图（续）

参 考 文 献

[1] 梅安新, 彭望琭, 秦其明, 等, 2001. 遥感导论 [M]. 北京：高等教育出版社.

[2] Weng Q, 2010. Remote sensing and GIS integration：theorise, methods, and applications[M]. New York：McGraw Hill.

[3] 赵忠明, 孟瑜, 汪承义, 等, 2014. 遥感图像处理 [M]. 北京：科学出版社.

[4] Breckinridge J., 1996. Evolution of imaging spectrometry：past, present, and future：SPIE's 1996 International Symposium on Optical Science, Engineering, and Instrumentation[C].

[5] 张彪, 何宜军, 2015. 高海况海洋遥感信息提取技术研究进展 [J]. 海洋技术学报, 34（3）：16-20.

[6] Nie C, Long D G, 2007. A C-Band wind/rain backscatter model[J]. IEEE Transactions on Geoscience and Remote Sensing, 45（3）：621-631.

[7] 孔毅, 赵现斌, 艾未华, 等, 2011. 基于墨西哥帽小波变换的机载 SAR 海面风场反演 [J]. 解放军理工大学学报（自然科学版）, 12（3）：301-306.

[8] 张庆红, 韦青, 陈联寿, 2010. 登陆中国大陆台风影响力研究 [J]. 中国科学：地球科学, 40（7）：941-946.

[9] Alpers W, Brümmer B, 1994. Atmospheric boundary layer rolls observed by the synthetic aperture radar aboard the ERS-1 satellite[J]. Journal of Geophysical Research, 99（C6）：12613-12621.

[10] 王炯琦, 周海银, 吴翊, 2007. 基于最优估计的数据融合理论 [J]. 应用数学, 20（2）：392-399.

[11] Mouche A A, Chapron B, Zhang B, et al, 2017. Combined Co-and Cross-Polarized SAR measurements under extreme wind conditions[J]. IEEE Transactions on Geoscience and Remote Sensing, 55（12）：6746-6755.

[12] 周旋，杨晓峰，李紫薇，等，2012.降雨对 C 波段散射计测风的影响及其校正 [J]. 物理学报，61（14）：532–542.

[13] Koch W，2004. Directional analysis of SAR images aiming at wind direction[J]. IEEE Transactions on Geoscience and Remote Sensing，42（4）：702–710.

[14] Hersbach H，Stoffelen A，De Haan S，2007. An improved C-band scatterometer ocean geophysical model function：CMOD5[J]. Journal of Geophysical Research，112（C3）.

[15] Nie C，Long D G，2008. A C-Band scatterometer simultaneous wind/rain retrieval method[J]. IEEE Transactions on Geoscience and Remote Sensing，46（11）：3618–3631.

[16] Koner P K，Harris A，Maturi E，2015. A physical deterministic inverse method for operational satellite remote sensing：an application for sea surface temperature retrievals[J]. IEEE Transactions on Geoscience and Remote Sensing，53（11）：5872–5888.

[17] 刘良明，2005. 卫星海洋遥感导论 [M]. 武汉：武汉大学出版社 .

[18] 夏光滨，赵伟东，2016. 黄渤海区域卫星云图反演海面温度设计初探 [J]. 科技创新导报，13（23）：80–81.

[19] 艾波，姜英超，王振华，等，2018. 基于深度学习的海表温度遥感反演模型 [J]. 遥感信息，33（5）：15–20.

[20] 刘良明，周军元，2006. MODIS 数据的海洋表面温度反演 [J]. 地理空间信息，4（2）：7–9.

[21] 林吉兆，贾登科，武警，2014. CGCS2000 及 WGS84 坐标系若干问题探讨及应对策略 [J]. 水运工程，（2）：27–30.

[22] Petrenko B，Ignatov A，Kihai Y，et al，2014. Evaluation and selection of SST regression algorithms for JPSS VIIRS[J]. Journal of Geophysical Research：Atmospheres，119（8）：4580–4599.

[23] 王其茂，林明森，郭茂华，2006. HY–1 卫星海温反演的误差分析 [J]. 海洋科学进展，24（3）：355–359.

[24] 刘卫宁，汪杰宇，郑林江，2016. 基于时空分析的地图匹配算法研究 [J]. 计算机应用研究，33（8）：2266–2269.

[25] 孟鹏，胡勇，巩彩兰，等，2012. 热红外遥感地表温度反演研究现状与发展趋势

[J]. 遥感信息，27（6）：118–123.

[26] BECKER F，LI Z，2007. Towards a local split window method over land surfaces[J]. International Journal of Remote Sensing，11（3）：369–393.

[27] Wan Z，Dozier J，1996. A generalized split-window algorithm for retrieving land-surface temperature from space[J]. IEEE Transactions on Geoscience and Remote Sensing，34（4）：892–905.

[28] Gillespie A，Rokugawa S，Matsunaga T，et al，1998. A temperature and emissivity separation algorithm for advanced spaceborne thermal emission and reflection radiometer （ASTER）images[J]. IEEE Transactions on Geoscience and Remote Sensing，36（4）：1113–1126.

[29] Sun D，R. T. Pinker，2003. Estimation of land surface temperature from a Geostationary Operational Environmental Satellite（GOES–8）[J]. Journal of Geophysical Research，108（D11）：4326.

[30] Trigo I F，Monteiro I T，Olesen F，et al，2008. An assessment of remotely sensed land surface temperature[J]. Journal of Geophysical Research，113：D17108.

[31] 刘超，历华，杜永明，等，2017. Himawari 8 AHI 数据地表温度反演的实用劈窗算法 [J]. 遥感学报，21（5）：702–714.

[32] Sobrino J A，Raissouni N，2000. Toward remote sensing methods for land cover dynamic monitoring：Application to Morocco[J]. International Journal of Remote Sensing，21（2）：353–366.

[33] Valor E，Caselles V，1996. Mapping land surface emissivity from NDVI：Application to European，African，and South American areas[J]. Remote Sensing of Environment，57（3）：167–184.

[34] Snyder W C，Wan Z，Zhang Y，et al，1998. Classification-based emissivity for land surface temperature measurement from space[J]. International Journal of Remote Sensing，19（14）：2753–2774.

[35] Guillevic P，C. Biard J，C. Hulley G，et al，2013. Validation of satellite Land Surface Temperature products using ground-based measurements and heritage satellite data-

Protocol，limitations and results：American Geophysical Union，Fall Meeting[C].

[36] Hulley G，Veraverbeke S，Hook S，2014. Thermal-based techniques for land cover change detection using a new dynamic MODIS multispectral emissivity product（MOD21）[J]. Remote Sensing of Environment，140：755-765.

[37] Li H，Du Y，Liu Q，et al，2014. Land surface temperature retrieval from Tiangong-1 data and its applications in urban heat island effect[J]. Journal of Remote Sensing，18：133-143.

[38] 王植，董斌，陈炟君，2018. 基于 Landsat 的沈阳城市热岛效应与地表参数变化分析 [J]. 测绘与空间地理信息，41（10）：4-7.

[39] 王军，许世远，石纯，等，2008. 基于多源遥感影像的台风灾情动态评估——研究进展 [J]. 自然灾害学报，17（3）：22-28.

[40] 岳焕印，郭华东，刘浩，等，2001. 对地观测技术在重大自然灾害监测与评估中的应用实例分析 [J]. 自然灾害学报，10（4）：123-128.

[41] 李云，徐伟，吴玮，2011. 灾害监测无人机技术应用与研究 [J]. 灾害学，26（1）：138-143.

[42] 臧克，孙永华，李京，等，2010. 微型无人机遥感系统在汶川地震中的应用 [J]. 自然灾害学报，19（3）：162-166.

[43] Chu H，2014. Spatiotemporal analysis of vegetation index after typhoons in the mountainous watershed[J]. International Journal of Applied Earth Observation and Geoinformation，28：20-27.

[44] Wang W，Qu J J，Hao X，et al，2010. Post-hurricane forest damage assessment using satellite remote sensing[J]. Agricultural and Forest Meteorology，150：122-132.

[45] Ayala-Silva T，Twumasi Y A，2004. Hurricane Georges and vegetation change in Puerto Rico using AVHRR satellite data[J]. International Journal of Remote Sensing，25（9）：1629-1640.

[46] Ramsey E W，Chappell D K，Baldwin D G，1997. AVHRR imagery used to identify hurricane damage in a forested wetland of Louisiana.[J]. Photogrammetric Engineering & Remote Sensing，63（3）：293-297.

[47] 罗红霞，曹建华，王玲玲，等，2013. 基于 HJ-1CCD 的 "纳沙" 台风 NDVI 变

化研究—— 以海南省为例 [J]. 遥感技术与应用, 28（6）: 1076–1082.

[48] Chen C, Chen H, Oguchi T, 2016. Distributions of landslides, vegetation, and related sediment yields during typhoon events in northwestern Taiwan[J]. Geomorphology, 273: 1–13.

[49] 张明洁, 张京红, 刘少军, 等, 2014. 基于 FY-3A 的海南岛橡胶林台风灾害遥感监测——以 "纳沙" 台风为例 [J]. 自然灾害学报, 23（3）: 86–92.

[50] 刘艳红, 郭晋平, 2009. 基于植被指数的太原市绿地景观格局及其热环境效应 [J]. 地理科学进展, 28（5）: 798–804.

[51] 范强, 杜婷, 杨俊, 等, 2014. 1982—2012 年南四湖湿地景观格局演变分析 [J]. 资源科学, 36（4）: 865–873.

[52] 陈利顶, 孙然好, 刘海莲, 2013. 城市景观格局演变的生态环境效应研究进展 [J]. 生态学报, 33（4）: 1042–1050.

[53] 邵大伟, 吴殿鸣, 2016. 基于景观指数的南京主城区绿色空间演变特征研究 [J]. 中国园林, 32（2）: 103–107.

[54] 高峻, 2000. 上海城市绿地景观格局的分析研究 [J]. 中国园林,（1）: 53–56.

[55] 朱京海, 问鼎, 徐光, 等, 2015. 无人机影像在铁路景观格局定量分析中的应用 [J]. 生态科学, 34（1）: 185–189.

[56] 万福绪, 董波, 陈敏, 2008. 上海滨江森林公园景观空间格局分析 [J]. 中国园林,（7）: 61–65.

[57] 邬建国, 2000. 景观生态学: 格局、过程、尺度与等级 [M]. 北京: 高等教育出版社.

[58] 陈文波, 肖笃宁, 李秀珍, 2002. 景观指数分类、应用及构建研究 [J]. 应用生态学报, 13（1）: 121–125.

[59] 吴泽民, 吴文友, 高健, 等, 2003. 合肥市区城市森林景观格局分析 [J]. 应用生态学报, 14（12）: 2117–2122.

[60] 黄成毅, 邓良基, 方从刚, 2007. 城市用地遥感监测与动态变化分析——以成都市土地利用为例 [J]. 地球信息科学学报, 9（2）: 118–123.

[61] Weng Q, 2012. Remote sensing of impervious surfaces in the urban areas:

Requirements，methods，and trends[J]. Remote Sensing of Environment，117（2）：34–49.

[62] 孙善磊，周锁铨，魏国栓，等，2008.环杭州湾地区城市扩张的遥感动态监测 [J].自然资源学报，23（2）：327–335.

[63] Tannier C，Thomas I，2013. Defining and characterizing urban boundaries：A fractal analysis of theoretical cities and Belgian cities[J]. Computers Environment & Urban Systems，41：234–248.

[64] Hu S，Tong L，Frazier A E，et al，2015. Urban boundary extraction and sprawl analysis using Landsat images：A case study in Wuhan，China[J]. Habitat International，47：183–195.

[65] Foody G M，2000. Mapping land cover from remotely sensed data with a softened feedforward neural network classification[J]. Journal of Intelligent & Robotic Systems，29（4）：433–449.

[66] Pal M，Foody G M，2010. Feature selection for classification of Hyperspectral data by SVM[J]. IEEE Transactions on Geoscience & Remote Sensing，48（5）：2297–2307.

[67] Cockx K，Voorde T V D，Canters F，2014. Quantifying uncertainty in remote sensing-based urban land-use mapping[J]. International Journal of Applied Earth Observations & Geoinformation，31（1）：154–166.

[68] 齐涛，李新虎，张国钦，等，2010.厦门岛城市空间扩张特征及其影响因素分析 [J].地理学报，（06）：715–726.

[69] Boser B E，Guyon I M，Vapnik V N，1992. A training algorithm for optimal margin classifiers：The Workshop on Computational Learning Theory，Pittsburgh，Pennsylvania，United States[C].

[70] 刘盛和，吴传钧，沈洪泉，2000.基于 GIS 的北京城市土地利用扩展模式 [J].地理学报，（04）：407–416.

[71] 朱会义，李秀彬，何书金，等，2001.环渤海地区土地利用的时空变化分析 [J].地理学报，56（3）：253–260.

[72] 乔伟峰，盛业华，方斌，等，2013.基于转移矩阵的高度城市化区域土地利用演变信息挖掘——以江苏省苏州市为例 [J].地理研究，32（8）：1497–1507.

[73] 谈明洪，李秀彬，吕昌河，2003. 我国城市用地扩张的驱动力分析 [J]. 经济地理，23（5）：635-639.

[74] Munroe D K，Croissant C，York A M，2005. Land use policy and landscape fragmentation in an urbanizing region：Assessing the impact of zoning[J]. Applied Geography，25（2）：121-141.

[75] 张岩，2017. DEM 构建中 InSAR 技术应用及其精度分析 [D]. 昆明：昆明理工大学 .

[76] 马超，单新建，2004. 星载合成孔径雷达差分干涉测量（D-InSAR）技术在形变监测中的应用概述 [J]. 中国地震，20（4）：88-96.

[77] 高明亮，宫辉力，陈蓓蓓，等 . 2017. 基于 InSAR 技术的地表三维形变获取方法综述 [J]. 测绘通报（1）：1-4.

[78] Ferretti A，Prati C，Rocca F，2000. Nonlinear subsidence rate estimation using permanent scatterers in differential SAR interferometry[J]. IEEE Transactions on Geoscience and Remote Sensing，38（5）：2202-2212.

[79] 高胜，曾琪明，焦健，等，2016. 永久散射体雷达干涉研究综述 [J]. 遥感技术与应用，31（1）：86-94.

[80] Berardino P，Fornaro G，Lanari R，et al，2002. A new algorithm for surface deformation monitoring based on small baseline differential SAR interferograms[J]. IEEE Transactions on Geoscience and Remote Sensing，40（11）：2375-2383.

[81] 刘利敏，宫辉力，余洁，等，2016. 短基线 INSAR 相干点探测及应用 [J]. 遥感学报，20（4）：643-652.

[82] 杨魁，杨建兵，江冰茹，2015. Sentinel-1 卫星综述 [J]. 城市勘测，（2）：24-27.

[83] 黄惠宁，覃辉，2012. InSAR 技术基本原理及其数据处理流程 [J]. 地理空间信息，10（2）：93-95.

[84] 韩松，陈星彤，朱小凤，2017. 三种 InSAR 干涉图滤波方法对比 [J]. 矿山测量，45（4）：46-48.

[85] 亓宁轩，2016. InSAR 相位解缠算法的比较 [J]. 测绘与空间地理信息，39（3）：199-201.

[86] 郭乐萍，岳建平，岳顺，2018. 基于 SARscape 的 InSAR 数据相位解缠方法研究

[J]. 地理空间信息，16（3）：20–22.

[87] 胡波，汪汉胜，2010. DInSAR 技术对地震同震形变场的研究 [J]. 测绘工程，19（1）：9–12.

[88] 张慧鑫，2010. 使用 ALOS DInSAR 提取 5·12 汶川地震同震地表形变场及形变场数值模拟 [D]. 成都：西南交通大学.

[89] 刘欢欢，2010. PSInSAR 在地面沉降监测中的研究分析 [D]. 北京：中国地质大学.

[90] 刘欣，商安荣，贾勇帅，等，2016. PS-InSAR 和 SBAS-InSAR 在城市地表沉降监测中的应用对比 [J]. 全球定位系统，41（2）：101–105.

[91] Monte-Luna P D，Brook B W，Zetina-Rejón M J，et al，2010. The carrying capacity of ecosystems.[J]. Global Ecology & Biogeography，13（6）：485–495.

[92] Dhondt A A，1988. Carrying Capacity：A Confusing Concept[J]. Acta Oecologica/Oecologia Generalis，9（4）：337–346.

[93] Price D，1999. Carrying capacity reconsidered[J]. Population & Environment，21（1）：5–26.

[94] Clarke A L，2002. Assessing the carrying capacity of the Florida Keys[J]. Population & Environment，23（4）：405–418.

[95] 封志明，杨艳昭，闫慧敏，等，2017. 百年来的资源环境承载力研究：从理论到实践 [J]. 资源科学，39（3）：379–395.

[96] 樊杰，王亚飞，汤青，等，2015. 全国资源环境承载能力监测预警（2014 版）学术思路与总体技术流程 [J]. 地理科学，35（1）：1–10.

[97] 封志明，李鹏，2018. 承载力概念的源起与发展：基于资源环境视角的讨论 [J]. 自然资源学报，33（9）：1475–1489.

[98] 黄志启，郭慧慧，2019. 基于熵权 TOPSIS 模型的郑州市资源环境承载力综合评价 [J]. 生态经济，（02）：118–122.

[99] 余丹林，毛汉英，高群，2003. 状态空间衡量区域承载状况初探——以环渤海地区为例 [J]. 地理研究，（02）：201–210.

[100] 雷勋平，邱广华，2016. 基于熵权 TOPSIS 模型的区域资源环境承载力评价实

证研究 [J]. 环境科学学报，36（1）：314–323.

[101] UNESCO，1985. Carrying capacity assessment with a pilot study of kenya：A resource accounting methodology for exploring national options for sustainable development[R]. Rome：Food and Agriculture Organization of the United Nations.

[102] 高吉喜，2001. 可持续发展理论探索：生态承载力理论、方法与应用 [M]. 北京：中国环境科学出版社 .

[103] Assesment M E. 2005. Ecosystems and human well-being：Biodiversity synthesis[J]. World Resources Institute，42（1）：77–101.

[104] 刘东，封志明，杨艳昭，2012. 基于生态足迹的中国生态承载力供需平衡分析 [J]. 自然资源学报，27（4）：614–624.

[105] 毛汉英，余丹林，2001. 环渤海地区区域承载力研究 [J]. 地理学报，56（3）：363–371.

[106] Rees W E，1996. Revisiting carrying capacity：Area-based indicators of sustainability[J]. Population & Environment，17（3）：195–215.

[107] 李金海，2001. 区域生态承载力与可持续发展 [J]. 中国人口·资源与环境，11（3）：76–78.

[108] 王中根，夏军，1999. 区域生态环境承载力的量化方法研究 [J]. 长江工程职业技术学院学报，16（4）：9–12.

[109] 朱一中，夏军，王纲胜，2005. 张掖地区水资源承载力多目标情景决策 [J]. 地理研究，24（5）：732–740.

[110] 余丹林，毛汉英，高群，2003. 状态空间衡量区域承载状况初探——以环渤海地区为例 [J]. 地理研究，22（2）：201–210.

[111] 王西琴，高伟，曾勇，2014. 基于 SD 模型的水生态承载力模拟优化与例证 [J]. 系统工程理论与实践，34（5）：1352–1360.

[112] 刘文政，朱瑾，2017. 资源环境承载力研究进展：基于地理学综合研究的视角 [J]. 中国人口·资源与环境，27（6）：75–86.

[113] Feng Z，Sun T，Yang Y，et al，2018. The progress of resources and environment carrying capacity：from single-factor carrying capacity research to comprehensive research[J].

Journal of Resources and Ecology, 9（2）：125-134.

[114] Luck M A，Jenerette G D，Wu J，et al，2001. The urban funnel model and the spatially heterogeneous ecological footprint[J]. Ecosystems，4（8）：782-796.

[115] 岳东霞，马金辉，巩杰，等，2009. 中国西北地区基于 GIS 的生态承载力定量评价与空间格局 [J]. 兰州大学学报（自然科学版），45（6）：68-75.

[116] Haberl H，Erb K，Krausmann F，2001. How to calculate and interpret ecological footprints for long periods of time：the case of Austria 1926-1995[J]. Ecological Economics，38（1）：25-45.

[117] 章远钰，崔瀚文，2009. 东北三江平原湿地环境变化 [J]. 生态环境学报，18（4）：1374-1378.

[118] 杜培军，白旭宇，罗洁琼，等，2018. 城市遥感研究进展 [J]. 南京信息工程大学学报（自然科学版），10（1）：16-29.

[119] 顾康康，储金龙，汪勇政，2014. 基于遥感的煤炭型矿业城市土地利用与生态承载力时空变化分析 [J]. 生态学报，34（20）：5714-5720.

[120] 赵晶晶，李晓松，郭重阳，等，2010. 基于生态足迹分析的义乌市生态承载力评价 [J]. 城市规划，34（11）：40-46.

[121] 岳东霞，杜军，刘俊艳，等，2011. 基于 RS 和转移矩阵的泾河流域生态承载力时空动态评价 [J]. 生态学报，31（9）：2550-2558.

[122] 林聪，李小磊，杨楠，等，2018. 遥感产品支持的城市群生态足迹空间格局研究——以长江三角洲核心区城市群为例 [J]. 地理与地理信息科学，34（3）：20-25.

[123] 张晓彤，谭衢霖，董晓峰，等，2018. MODIS 卫星数据中亚地区生态承载力评价应用 [J]. 遥感信息，33（4）：55-63.

[124] 任保卫，2018. 无居民海岛资源环境承载力监测与预警评价试点研究——以三沙湾为例 [J]. 海洋环境科学，37（4）：545-551.

[125] 鹿瑶，李效顺，蒋冬梅，等，2018. 区域生态足迹盈亏测算及其空间特征——以江苏省为例 [J]. 生态学报，38（23）：1-9.

[126] 樊杰，周侃，陈东，2013. 生态文明建设中优化国土空间开发格局的经济地理学研究创新与应用实践 [J]. 经济地理，33（1）：1-8.

[127] 高吉喜，陈圣宾，2014. 依据生态承载力优化国土空间开发格局 [J]. 环境保护，42（24）：12-18.

[128] Rees W E, 1992. Ecological footprints and appropriated carrying capacity: what urban economics leaves out[J]. Focus, 6（2）：121-130.

[129] Wackernagel M, Galli A, 2007. An overview on ecological footprint and sustainable development: A chat with Mathis Wackernagel[J]. International Journal of Ecodynamics, 2（1）：1-9.

[130] Wackernagel M, Onisto L, Bello P, et al, 1999. National natural capital accounting with the ecological footprint concept[J]. Ecological Economics, 29（3）：375-390.

[131] 张志强，徐中民，程国栋，等，2001. 中国西部 12 省（区市）的生态足迹 [J]. 地理学报，16（5）：598-610.

[132] 杜加强，滕彦国，王金生，2009. 生态足迹计算过程中的某些细节处理研究 [J]. 地域研究与开发，28（2）：99-103.

[133] 李德仁，李熙，2015. 论夜光遥感数据挖掘 [J]. 测绘学报，44（6）：591-601.

[134] 郭刚刚，樊伟，薛嘉伦，等，2017. 基于 NPP/VIIRS 夜光遥感影像的作业灯光围网渔船识别 [J]. 农业工程学报，（10）：245-251.

[135] 武汉大学新闻网. 武汉大学珞珈一号科学试验卫星成功发射入轨 [EB/OL].（2018-06-02）http: //news.whu.edu.cn/info/1002/51317.htm.

[136] 杨眉，王世新，周艺，等，2011. DMSP/OLS 夜间灯光数据应用研究综述 [J]. 遥感技术与应用，26（1）：45-51.

[137] 张锋，2017. 夜光遥感数据应用研究综述 [J]. 建设科技，（14）：50-52.

[138] Li X, Li D, 2014. Can night-time light images play a role in evaluating the Syrian Crisis?[J]. International Journal of Remote Sensing, 35（18）：6648-6661.

[139] 何春阳，史培军，李景刚，等，2006. 基于 DMSP/OLS 夜间灯光数据和统计数据的中国大陆 20 世纪 90 年代城市化空间过程重建研究 [J]. 科学通报，51（7）：856-861.

[140] 吴健生，刘浩，彭建，等，2014. 中国城市体系等级结构及其空间格局——基于 DMSP/OLS 夜间灯光数据的实证 [J]. 地理学报，69（6）：759-770.

[141] 廖兵，魏康霞，宋巍巍，2012. DMSP/OLS 夜间灯光数据在城镇体系空间格局研究中的应用与评价——以近 16 年江西省间城镇空间格局为例 [J]. 长江流域资源与环境，21（11）：1295-1300.

[142] Elvidge C D, Baugh K E, Kihn E A, et al, 1997. Relation between satellite observed visible-near infrared emissions, population, economic activity and electric power consumption[J]. International Journal of Remote Sensing, 18（6）：1373-1379.

[143] Cheng L, Zhou Y, Wang L, et al, 2007. An estimate of the city population in China using DMSP night-time satellite imagery[C]. IEEE.

[144] 黄微，于杰，李永振，等，2018. 夜光遥感技术在灯光渔业上的应用 [J]. 安徽农业科学，（16）：20-23.

[145] Kiyofuji H, Saitoh S, 2004. Use of nighttime visible images to detect Japanese common squid Todarodes pacificus fishing areas and potential migration routes in the Sea of Japan[J]. Marine Ecology Progress, 276：173-186.

[146] Maxwell M R, Henry A, Elvidge C D, et al, 2004. Fishery dynamics of the california market squid（Loligo opalescens），as measured by satellite remote sensing[J]. Fishery Bulletin, 102（4）：1-70.

[147] Miller S D, Straka W I, Mills S P, et al, 2013. Illuminating the capabilities of the Suomi National Polar-Orbiting partnership visible infrared imaging radiometer suite day night band[J]. Remote Sensing, 5（12）：6717-6766.

[148] Version 4 DMSP-OLS Nighttime Lights Time Series[EB/OL]. http：//ngdc.noaa.gov/eog/dmsp/downloadV4composites.html.

[149] Stathakis D, 2016. Intercalibration of DMSP/OLS by parallel regressions[J]. IEEE Geoscience and Remote Sensing Letters, 13（10）：1-5.

附录　厦门大学联合遥感接收站

厦门大学建设了天线直径为 7.5 m 的 L（1.69～1.71 GHz）、X（7.7～8.5 GHz）双频段双通道高速率遥感卫星地面接收系统（附图 1），可以对轨道高度在 400～1000 km 的遥感卫星和气象卫星进行全天时、全天候、全自动的跟踪接收，获取第一手的卫星遥感观测资料。

附图 1　厦门大学联合遥感接收站照片

　　该接收站位于厦门大学翔安校区，是我国东南沿海地区最新的大型遥感卫星地面接收系统，其覆盖范围以厦门为中心，包括我国中东部地区及东海、黄海、南海和渤海等主要海域、韩国及日本南部，以及东南亚部分地区，特别是在对西太平洋的覆盖方面具有独特的地理优势（附图2）。

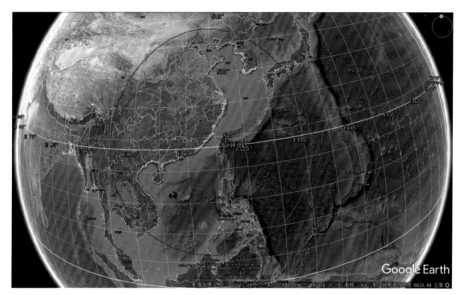

附图2　接收站覆盖范围

索 引 ▪▪▪▪▪▪▪▪ ▪▪ ▪▪▪▪▪ ▪▪

≫ 图目录

》 表目录